高职高专应用型网络通信人才培养系列教材

Linux 系统基础与实践

(基于 CentOS 7.6)

主　编　乔　琪　杜文龙

副主编　陆彩霞　苏红艳

西安电子科技大学出版社

内 容 简 介

本书以 CentOS 7 操作系统为平台，选取面向职业岗位的内容及案例，采用“项目驱动、任务导向”的方式组织内容，详细介绍了 Linux 操作系统的基本概念、常用命令、系统管理等知识。

全书共设置了 6 个项目(12 个任务)。其中，项目一为 Linux 操作系统环境搭建；项目二为 Linux 目录和文件管理；项目三为 Linux 用户和用户组管理；项目四为 Linux 目录和文件权限管理；项目五为 Linux 磁盘管理；项目六为 Linux 基础服务配置。

本书内容丰富全面，各种功能和命令的介绍都配以大量的案例操作和详细解释。为了让学习者能够快速且有效地掌握核心知识和技能，同时方便教师采用更有效的传统教学方式或更新颖的线上线下翻转课堂教学模式，本书配有 100 多节微课视频。

本书可作为高职高专院校计算机类、通信类等相关专业的教材，也可作为 Linux 爱好者的学习资料。

图书在版编目(CIP)数据

Linux 系统基础与实践：基于 CentOS 7.6 / 乔琪，杜文龙主编. —西安：西安电子科技大学出版社，2020.7(2021.8 重印)
ISBN 978-7-5606-5720-2

Ⅰ. ① L… Ⅱ. ① 乔… ② 杜… Ⅲ. ① Linux 操作系统—高等职业教育—教材
Ⅳ. ① TP316.85

中国版本图书馆 CIP 数据核字(2020)第 092163 号

策划编辑　李惠萍
责任编辑　王　静　李惠萍
出版发行　西安电子科技大学出版社(西安市太白南路 2 号)
电　　话　(029)88202421　88201467　　　邮　　编　710071
网　　址　www.xduph.com　　　电子邮箱　xdupfxb001@163.com
经　　销　新华书店
印刷单位　陕西天意印务有限责任公司
版　　次　2020 年 7 月第 1 版　2021 年 8 月第 2 次印刷
开　　本　787 毫米×1092 毫米　1/16　　印张 12.5
字　　数　292 千字
印　　数　3001～6000 册
定　　价　31.00 元
ISBN　978-7-5606-5720-2 / TP
XDUP 6022001-2
如有印装问题可调换

前　　言

一、内容选取

本书在内容选取上面向职业岗位；在内容组织上遵循学生职业成长规律，由简单到复杂，层层推进；在内容体现上以真实项目为载体，增强学习的针对性；在内容实施中以任务为驱动，培养学生分析问题和解决问题的能力。

二、项目内容

全书共6个项目(12个任务)，详细地介绍了Linux操作系统的基本概念、常用命令和系统管理等知识。

项目一主要介绍Linux系统的历史和发展、Linux操作系统的安装、Linux系统的基本使用和Linux命令基础等内容。

项目二主要介绍建立与删除目录、建立与删除文件及查找文件、查看文件内容的方法等内容。

项目三主要介绍新建与删除用户、新建与删除用户组及将用户加入到用户组的方法等内容。

项目四主要介绍 Linux 文件信息的内容、文件权限的概念、文件权限的设置、访问控制列表等内容。

项目五主要介绍磁盘基础管理中的分区、格式化、挂载以及逻辑卷管理和磁盘阵列等内容。

项目六主要介绍vi编辑器、网络基本配置、FTP服务配置等内容。

各任务均由以下5部分组成：

(1) 任务介绍：提出问题，让学生明确学习目标。

(2) 任务分析：分析问题，提出解决问题的思路。

(3) 必备知识：介绍解决问题必备的理论知识。

(4) 任务实施：给出任务实施过程。

(5) 任务拓展：培养学生再发展能力。

本书可作为高职高专院校计算机类、通信类等相关专业的教材，也可作为 Linux 爱好者的学习资料。

三、本书特色

(1) 项目来源于企业实际应用，在专业技能的培养中，突出实战化要求。

(2) 素材丰富，资源立体。本书配有 100 多节微课资源，以满足教和学的需求。

(3) 线上线下，教学中实现翻转。本课程在线开放课程学习平台，实现线上线下学习相结合。

四、编写分工

本书由乔琪、杜文龙担任主编，陆彩霞、苏红艳担任副主编。其中乔琪负责全书架构设计及统稿工作，并编写了项目一至项目三；杜文龙编写了项目四、项目五；陆彩霞编写了项目六；苏红艳负责案例整理工作。

由于编者水平有限，书中难免存在不妥之处，恳请广大读者提出宝贵意见。

编　者

2020 年 3 月

目　　录

项目一 Linux 操作系统环境搭建

Linux 操作系统环境搭建是进行 Linux 系统学习和操作的基础，也是系统管理员首先要完成的工作。本项目主要介绍 Linux 系统的历史、Linux 操作系统的安装、Linux 系统的基本使用、Linux 命令基础等内容。

【知识目标】

1. 了解 Linux 系统的历史、特性。
2. 了解 Linux 系统的内核版本和发行版本。
3. 熟练掌握 Linux 操作系统的安装方法。
4. 熟练掌握 Linux 系统管理员密码重置方法。

【能力目标】

1. 根据企事业单位要求，完成 Linux 操作系统环境搭建。
2. 根据系统管理员要求，完成 Linux 系统管理员密码重置。

任务 1 Linux 系统认知

【任务介绍】

M 公司为了加强企业信息化管理水平，要求公司网络管理员在服务器中安装一个既安全又便于管理的网络操作系统，并完成服务器的基本设置。

【任务分析】

根据公司需求，网络管理员选择安装 Linux 操作系统。要实现 Linux 操作系统的搭建，可以按以下两个步骤进行操作：

步骤一：安装虚拟机软件。

步骤二：安装 Linux 操作系统。

【必备知识】

完成本任务需要掌握的必备知识见 1.1 和 1.2 节。

1.1 Linux 概述

1. Linux 系统简介

Linux 是一个自由和开源的类 UNIX 操作系统，支持多用户、多任务、多线程操作，支持 32 位和 64 位硬件。Linux 能够运行主要的 UNIX 工具软件、应用程序和网络协议，它继承了 UNIX 系统中以网络为核心的设计思想，是一个性能稳定的网络操作系统，目前广泛应用在服务器上。Linux 系统中唯一的超级管理员是 root 用户，它具有系统中所有的权限，包括添加或删除用户、增加或禁用硬件设备、安装或卸载各类软件等。

2. Linux 系统的历史

1991 年 10 月 5 日，Linux 创始人林纳斯·托瓦兹(Linus Torvalds)正式宣布 Linux 内核诞生。Linux 系统的诞生、发展始终依赖着 5 个重要支柱：UNIX 操作系统、MINIX 操作系统、GNU 计划、POSIX 标准和 Internet 网络。

1970 年，Ken Thompson 研发出 UNIX 内核。1970 年称为 UNIX 元年，也称为计算机元年。计算机时间和众多的编程语言的时间都从 1970 年 1 月 1 日开始算起。

1973 年，Ritchie 用 C 语言编写了可移植的 UNIX 内核，UNIX 正式诞生。

1983 年，Stallman 公开发起自由软件集体协作计划(GNU 计划)。

1984 年，Andrew S. Tanenbaum 开发了用于教学的 UNIX 系统，命名为 MINIX。

1989 年，Andrew S. Tanenbaum 将 MINIX 系统运行于 x86 的 PC 平台。

1990 年，芬兰赫尔辛基大学学生 Linus Torvalds 首次接触 MINIX 系统。

1991 年，Linus Torvalds 开始在 MINIX 上开发 Linux 内核。

1994 年，Linux 内核 1.0 版本正式发布，代码大约 17 万行。

1996 年，美国国家标准技术局的计算机系统实验室确认 Linux 1.2.13 版本符合 POSIX 标准。

1999 年，Linux 的简体中文发行版问世。

2000 年以后，Linux 系统日趋成熟，涌现出大量基于 Linux 服务器平台的应用，并且广泛应用于基于 ARM 技术的嵌入式系统中。

3. Linux 系统的特性

Linux 系统的特性有以下几点：

(1) 免费开放。Linux 是一款免费的操作系统，用户可以通过网络或其他途径免费获得，并且 Linux 系统遵循开放系统互连(OSI)国际标准。

(2) 多用户。Linux 系统中可以有多个用户访问系统资源，每个用户对自己的资源有特定的权限，互不影响。

(3) 多任务。Linux 系统中可以同时执行多个程序，而且各个程序的运行互相独立。

(4) 良好的用户界面。Linux 系统为用户提供了图形界面和命令界面，其易操作、交互性强、操作界面友好。在命令界面中，用户可以通过键盘输入相应的指令来进行操作；在图形界面中，用户可以使用鼠标来进行操作。

(5) 安全可靠。Linux 系统提供验证(分配用户登录 ID 和密码)、授权(设置文件的读、写、执行权限)以及加密(将文件转换为不可读的格式)等多种方式，为用户提供了可靠的安全保障。

(6) 可移植。Linux 是一种可移植的操作系统，能够在从微型计算机到大型计算机的任何平台上运行。

(7) 支持多文件系统。Linux 系统可以把多种文件系统以挂载方式连接到主机上，包括 Ext4、FAT32、NTFS、NFS、XFS 等文件系统。

4. Linux 系统的版本

Linux 系统的版本分为 Linux 的内核版本和 Linux 的发行版本。

1) Linux 的内核版本

内核是一个操作系统核心，是由一系列程序组成的，包括负责响应中断的中断服务程序、负责管理多个进程从而分享处理器时间的调度程序、负责管理地址空间的内存管理程序以及网络进程间通信的系统服务程序等。

Linux 内核的开发和规范一直由 Linus Torvalds 领导的团队负责，www.kernel.org 提供内核源代码下载。在 Linux 系统中，执行命令“uname -r”可以查看当前系统的内核版本号。Linux 内核版本号使用以下三种编号方式：

第一种方式用于 1.0 版本之前。第一个版本是 0.01，紧接着是 0.02、0.03、0.10、0.11、0.12、0.95、0.96、0.97、0.98、0.99 和之后的 1.0。

第二种方式用于 1.0 版本之后到 2.6 版本，格式为“A.B.C”，A 代表主版本号，B 代表次版本号，C 代表较小的末版本号。B 为偶数代表稳定版，B 为奇数代表开发版。C 代表一些 bug 修复、安全更新、添加新特性和驱动的次数。以 2.4.0 版本为例，2 代表主版本号，4 代表次版本号，0 代表改动较小的末版本号。

第三种方式从 2.6.0 版本开始，使用“A.B.C.D”格式。前两个数字 A.B 即“2.6”保持不变，C 随着新版本的发布而增加，D 代表一些 bug 修复、安全更新、添加新特性和驱动的次数。从 3.0 版本之后使用“A.B.C”格式，第一位 A 是主版本号，B 随着新版本的发布而增加，C 代表一些 bug 修复、安全更新、添加新特性和驱动的次数。

2) Linux 的发行版本

Linux 的发行版本与内核版本是不一样的，为了让使用者能够更为方便地使用 Linux 系统，一些商业公司和社区团体将 Linux Kernel(含 tools)与可运行的软件整合起来，加上一些工具程序，称之为 Linux distribution，也就是 Linux 的发行版本。

Linux 的发行版本大体可以分为两类：一类是商业公司维护的发行版本，以 RHEL 为代表；另一类是社区组织维护的发行版本，以 Debian 为代表。

5. 常见的发行版本

目前比较流行的几种发行版本如下：

(1) RHEL。RHEL(Red Hat Enterprise Linux)是 Red Hat 公司专为企业设计的 Linux 操作系统，属于收费版本。其官网为 http://www.redhat.com。

(2) CentOS。CentOS(Community Enterprise Operating System)是 RHEL 的社区克隆版本，是将 RHEL 源代码重新编译而成的版本。目前 CentOS 已被 Red Hat 公司收购，但仍

开源免费。其官网为 http://www.centos.org/。

(3) Fedora。Fedora 是社区版本，由 RedHat 公司提供赞助，可以认为是 RHEL 的预发布版。一般一些新的产品会在 Fedora 版本中优先发布，供使用者使用体验，同时便于发现 bug 或者提出更好的建议。其官网为 http://getfedora.org/。

(4) Debian。Debian 是社区类 Linux 发展的典范，其包含的多数软件使用 GNU 通用公共许可协议授权，并由 Debian 计划的参与者组成团队对其进行打包、开发与维护。其官网为 http://www.debian.org/。

(5) Ubuntu。Ubuntu 是基于 Debian 发展而来的，其界面友好，容易上手，对硬件的支持非常全面，是目前最适合作桌面系统的 Linux 的发行版本。其官网为 http://www.ubuntu.com/。

CentOS 是 RHEL 对应的开源版本，是由红帽公司测试维护，并在 Linux 内核稳定分支上进行开发的，其系统相对稳定，所以本书选用 CentOS 发行版本进行讲解。

1.2 虚拟机简介

1. 虚拟机概念

虚拟机(Virtual Machine)是指通过软件模拟的具有完整硬件系统功能的、运行在一个完全隔离环境中的完整计算机系统。在实体计算机中能够完成的工作在虚拟机中都能够实现。每个虚拟机都有独立的 CPU、内存、磁盘驱动、网络接口等。使用虚拟机与使用实体机一样，进入虚拟系统后，所有操作都在这个全新的独立虚拟系统里面进行，可以独立安装运行软件，保存数据，拥有自己的独立桌面，不会对真正的系统产生任何影响。在实体机中创建虚拟机时，需要将实体机中部分硬盘和内存容量作为虚拟机的硬盘和内存容量。

虚拟机的作用有以下几点：

(1) 不需要分区就能在一台 PC 上使用两种以上的操作系统。

(2) 能够随时修改操作系统的操作环境，如内存、磁盘空间等。

(3) 完全隔离并且保护各个操作系统。

2. 常用的虚拟机软件

目前常用的虚拟机软件有 VMware Workstation 和 Virtual Box。它们都能在 Windows 系统上虚拟出多个计算机，每个虚拟计算机可以独立运行，可以安装各种软件与应用等。

1) VMware Workstation 软件

VMware Workstation(中文名“威睿工作站”)是一款功能强大的桌面虚拟计算机软件，用户可在单一的桌面上同时运行不同的操作系统，并进行开发、测试、部署新的应用程序。VMware Workstation 可在一部实体机器上模拟完整的网络环境，甚至可以将几台虚拟机用网卡连接为一个局域网，其更好的灵活性与先进的技术胜过了市面上其他的虚拟计算机软件。对于企业的 IT 开发人员和系统管理员而言，VMware Workstation 在虚拟网络、实时快照、拖曳共享文件夹、支持 PXE 等方面的特点使它成为必不可少的工具。

2) Virtual Box 软件

Virtual Box 是一款开源虚拟机软件。Virtual Box 不仅具有丰富的特色，而且性能也很优异。使用者可以在 Virtual Box 上安装并且执行 Solaris、Windows、DOS、Linux、OS/2 Warp、BSD 等系统作为客户端操作系统，但是使用 Virtual Box 时 CPU 占用率大多数时间都在 100%，导致主机上其他程序无法运行。

对于刚开始接触 Linux 操作系统的使用者来说，不需要在 PC 上直接安装操作系统，只需要在虚拟机上安装 Linux 操作系统，方便学习和掌握 Linux 系统的基本使用方法。

【任务实施】

任务 1 的实施过程如表 1-1 所示。

表 1-1 任务 1 的实施过程

<table>
<tr><th>操作步骤</th><th>操 作 过 程</th><th>操 作 说 明</th></tr>
<tr>
<td>步骤一：安装虚拟机软件。</td>
<td>
1. 双击下载好的软件安装包，进入安装向导界面，如下图所示。

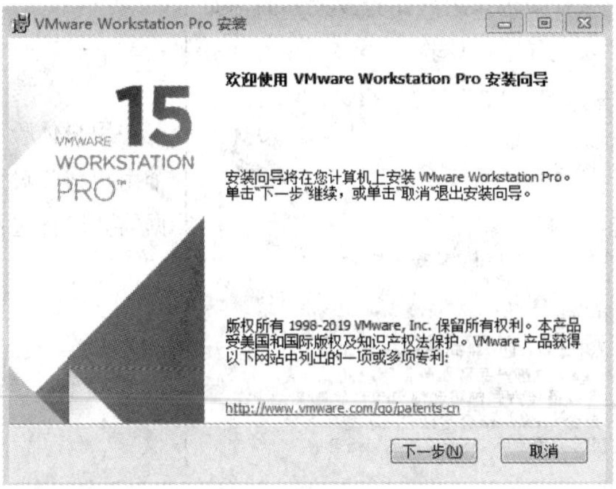

2. 单击“下一步”按钮，进入最终用户许可协议界面，如下图所示。在这里可以阅读 VMware 软件的最终用户许可协议。

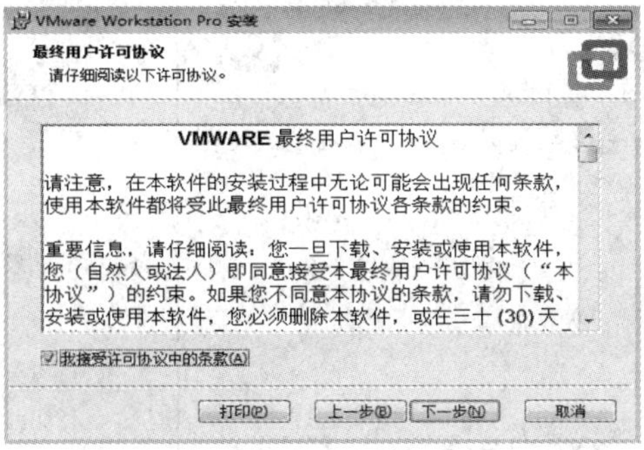

</td>
<td>
本书选择 VMware Workstation 虚拟机软件，从 VMware 中文官方网站 www.vmware.com/cn 中下载软件安装包，这里选择的版本是 VMware Workstation PRO 15。

在自定义安装界面中，拖动右侧滑块，可以浏览协议内容。
</td>
</tr>
</table>

续表一

<table>
<tr><th>操作步骤</th><th>操 作 过 程</th><th>操 作 说 明</th></tr>
<tr><td rowspan="3">步骤一：安装虚拟机软件。</td><td>3. 在“我接受许可协议中的条款”前打钩后，单击“下一步”按钮，进入自定义安装界面，如下图所示。
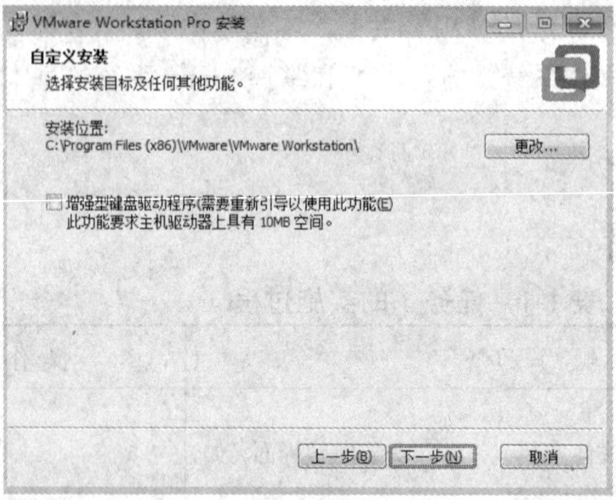
</td><td>在自定义安装界面中，可以设置软件的安装位置，单击“更改”按钮，选择软件的安装位置即可。“增强型键盘驱动程序”可以更快地处理原始键盘输入，用户根据需要选择是否安装。</td></tr>
<tr><td>4. 单击“下一步”按钮，进入用户体验设置界面，如下图所示。在这里可以设置用户体验。
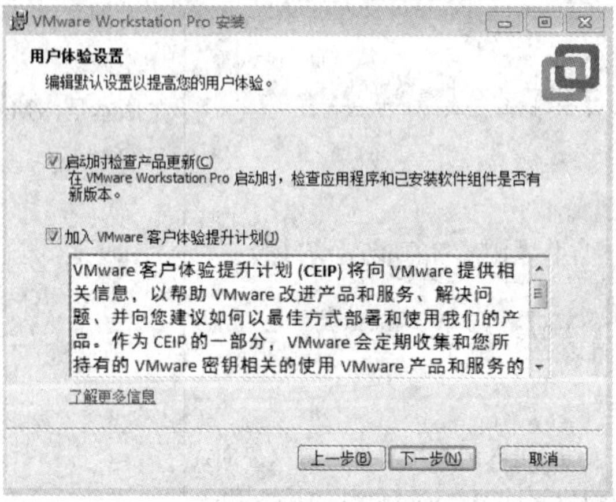
</td><td>在用户体验设置界面，有两个用户体验设置选项，用户根据需要进行选择。</td></tr>
<tr><td>5. 单击“下一步”按钮，进入安装界面，如下图所示。
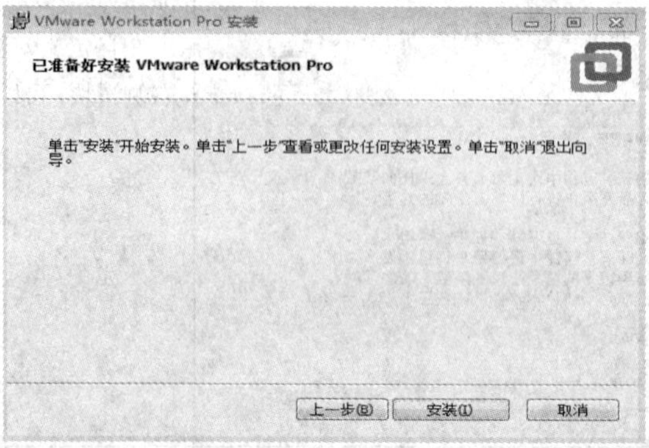
</td><td></td></tr>
</table>

续表二

<table>
<tr><th>操作步骤</th><th>操 作 过 程</th><th>操 作 说 明</th></tr>
<tr>
<td>步骤一：
安装虚拟机软件。</td>
<td>
6. 单击“安装”按钮，系统会自动安装软件，等待软件安装完成即可。
7. 在桌面上双击 VMware Workstation 软件快捷方式，进入软件操作界面，如下图所示。
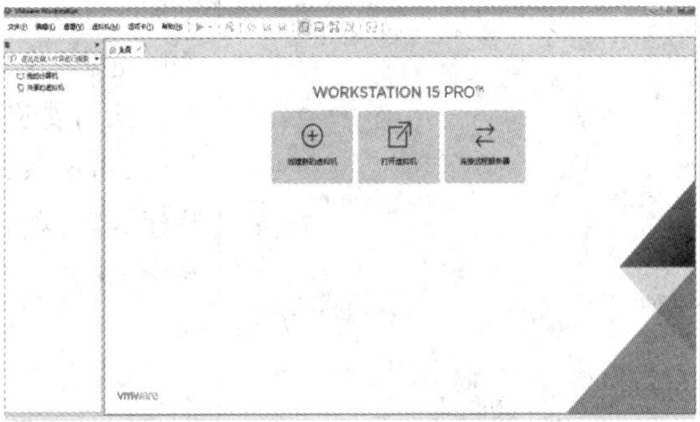

8. 单击“创建新的虚拟机”选项按钮，进入新建虚拟机向导界面，如下图所示。这里选择“典型”选项。
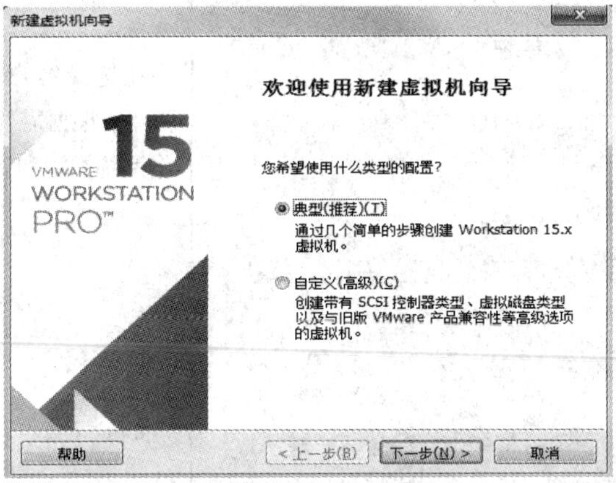

9. 单击“下一步”按钮，进入选择虚拟机硬件兼容性界面，如下图所示。这里硬件兼容性选择“Workstation 15.x”。
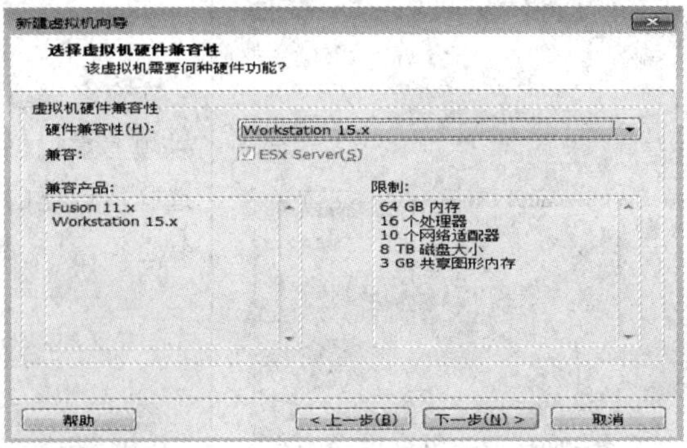

</td>
<td>
在软件操作界面中有三个选项。“创建新的虚拟机”选项用来创建新的虚拟机；“打开虚拟机”选项用来打开已经创建好的虚拟机；“连接远程服务器”选项用来登录远程服务器。

在新建虚拟机向导界面中，有两个配置类型。选择“典型”类型配置，创建虚拟机只需要几个简单的步骤；选择“自定义”类型配置，创建虚拟机需要设置比较多的内容。这里建议选择“典型”类型进行虚拟机配置。

在选择虚拟机硬件兼容性界面中，用鼠标单击下拉条，可以进行硬件兼容性选择，需要选择与所安装的软件版本相同的产品。
</td>
</tr>
</table>

续表三

<table>
<tr><th>操作步骤</th><th>操 作 过 程</th><th>操 作 说 明</th></tr>
<tr>
<td>步骤一：安装虚拟机软件。</td>
<td>
10. 单击“下一步”按钮，进入安装客户机操作系统界面，如下图所示。这里选择“稍后安装操作系统”选项。

11. 单击“下一步”按钮，进入选择客户机操作系统界面，如下图所示。这里客户机操作系统选择“Linux”，版本选择“CentOS 7 64 位”。

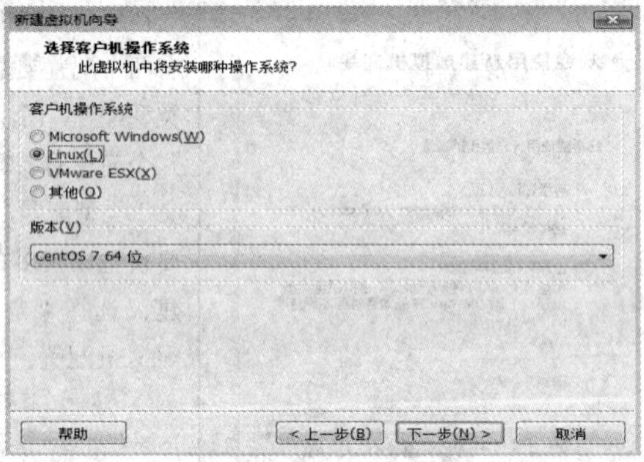

12. 单击“下一步”按钮，进入命名虚拟机界面，如下图所示。这里虚拟机名称和安装位置可以使用默认的。

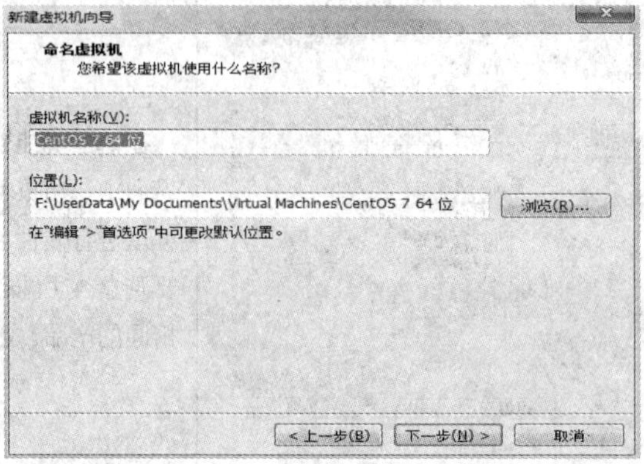

</td>
<td>
在安装客户机操作系统界面中，一共有三个选项。“安装程序光盘”选项为无可用驱动器，该选项不可选；“安装程序光盘映像文件”选项会选择默认的安装策略安装最精简的 Linux 系统；“稍后安装操作系统”选项可以在安装过程中进行操作系统设置调整。

在选择客户机操作系统界面中，根据需要选择安装的操作系统类型和版本。

在命名虚拟机界面中，可以填写虚拟机名称，还可以选择所创建的虚拟机文件安装位置。
</td>
</tr>
</table>

续表四

<table>
<tr><th>操作步骤</th><th>操 作 过 程</th><th>操 作 说 明</th></tr>
<tr>
<td>步骤一：
安装虚拟机软件。</td>
<td>
13. 单击“下一步”按钮，进入指定磁盘容量界面，如下图所示。这里将最大磁盘大小调整为 40 GB。

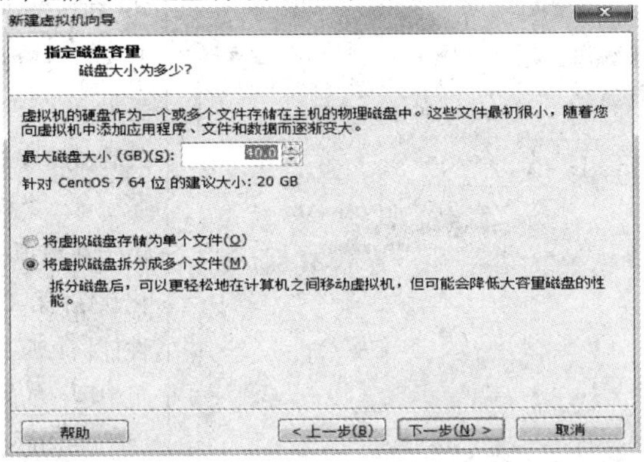

14. 单击“下一步”按钮，进入虚拟机配置界面，如下图所示。

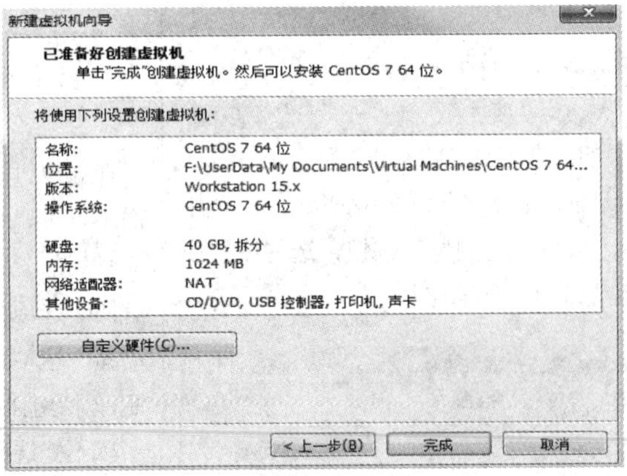

15. 单击“自定义硬件”按钮，再选择设备列表中的“内存”选项，进入虚拟机内存设置界面，如下图所示。这里将内存大小设置为 2048 MB(2 GB)。

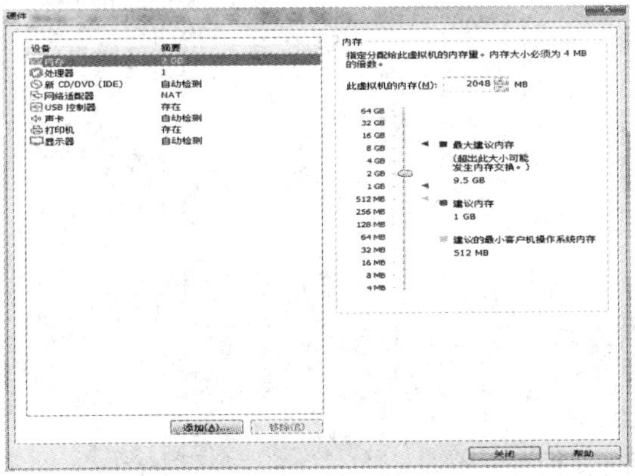

</td>
<td>
在指定磁盘容量界面中，可以设置磁盘大小，以便文件存储。

在虚拟机配置界面中，可以看到虚拟机的相关信息，包括名称、位置、硬盘大小、内存大小等。

在虚拟机内存设置界面中，可以设置虚拟机的内存大小。虚拟机的内存一般不低于 512 MB，但最大不能超过物理主机的内存，建议内存设置为 2048 MB(2 GB)。
</td>
</tr>
</table>

续表五

<table>
<tr><th>操作步骤</th><th>操 作 过 程</th><th>操 作 说 明</th></tr>
<tr><td rowspan="2">步骤一：安装虚拟机软件。</td><td>16. 选择设备列表中的“处理器”选项，进入虚拟机处理器设置界面，如下图所示。这里处理器相关参数选择默认，虚拟化引擎中勾选第一个和第二个选项。

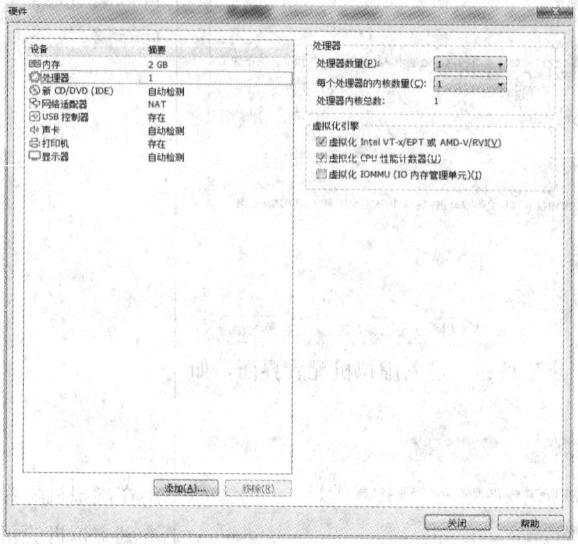
</td><td>在虚拟机处理器设置界面中，可以设置虚拟机处理器的相关参数。根据主机的性能设置 CPU 处理的数量以及每个处理器的核心数量。虚拟化引擎中有三个选项。第一个选项用于在虚拟机中再安装虚拟化软件；第二个选项用于使用性能监控应用程序优化虚拟机中运行的软件；第三个选项用于在 BIOS 中实现的 IO 接口虚拟化技术。</td></tr>
<tr><td>17. 单击设备列表中的“新 CD/DVD(IDE)”选项，进入虚拟机光驱设备设置界面，如下图所示。这里选择“使用 ISO 映像文件”选项，再单击“浏览”按钮，选择系统中主机上的 CentOS 7 系统镜像文件的路径。

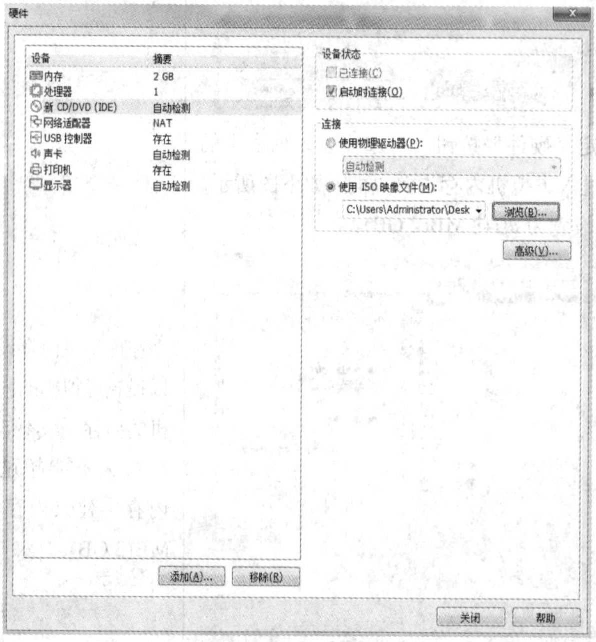
</td><td>在虚拟机光驱设备设置界面中，可以设置安装操作系统使用的光驱设备。连接中有两个选项。“使用物理驱动器”选项，需要有物理光驱，因为虚拟机中没有光驱，所以不能选择该选项；“使用 ISO 映像文件”选项，用于使用系统镜像文件安装操作系统。这个 CentOS 7 系统镜像文件大约为 4.2 GB，请务必提前下载好。</td></tr>
</table>

续表六

操作步骤	操 作 过 程	操 作 说 明
步骤一：安装虚拟机软件。	18. 单击设备列表中的“网络适配器”选项，进入虚拟机网络模式设置界面，如下图所示。这里选择“NAT 模式”。 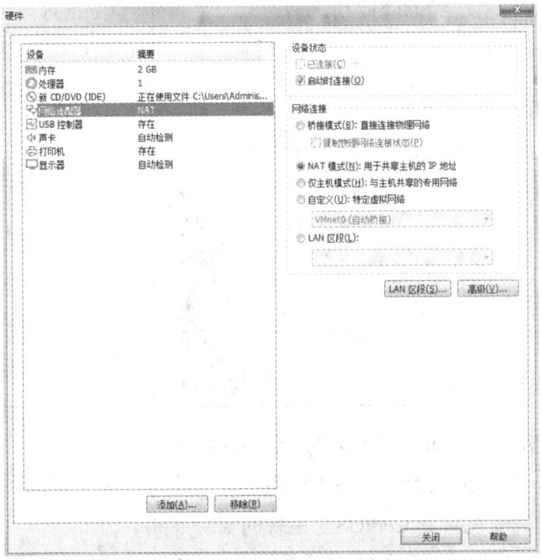	在虚拟机网络模式设置界面中，可以设置虚拟机的网络模式，有 5 种网络模式可供选择。“桥接模式”中虚拟机和物理主机处于对等地位，虚拟就相当于一台真实的电脑，可以直接与外网通信；“NAT 模式”中虚拟机借助 NAT(网络地址转换)功能，通过物理主机访问外网，默认对应的物理网卡是 VMnet8；“仅主机模式”中虚拟网络适配器仅对物理主机可见，虚拟机能连接物理主机，但不能连接外网，默认对应的物理网卡是 VMnet1；“自定义”通过虚拟网络编辑器的设置，实现各个虚拟机间互访；“LAN 区段”用于添加 LAN，再设置网段，实现各个虚拟机间互访
	19. 单击“关闭”按钮，返回虚拟机配置界面，如下图所示。 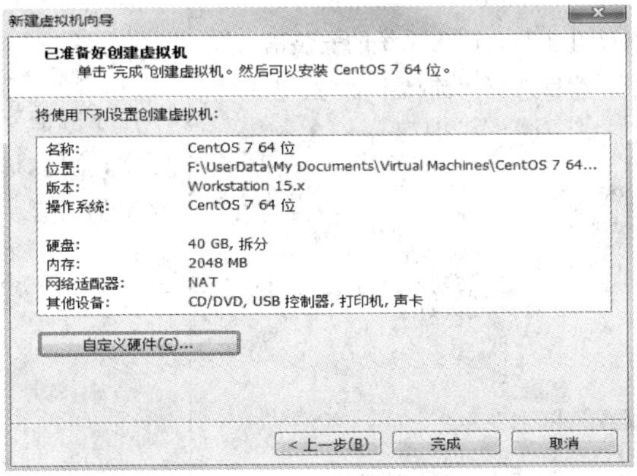	在虚拟机配置界面中，可以看到虚拟机的相关信息，包括名称、位置、硬盘大小、内存大小等。

续表七

<table>
<tr><th>操作步骤</th><th>操 作 过 程</th><th>操 作 说 明</th></tr>
<tr><td>步骤一：
安装虚拟机软件。</td><td>20. 单击“完成”按钮，返回进入软件的操作界面，如下图所示。在虚拟机库中，出现一个“CentOS 7 64位”虚拟机，说明虚拟机已经创建成功。
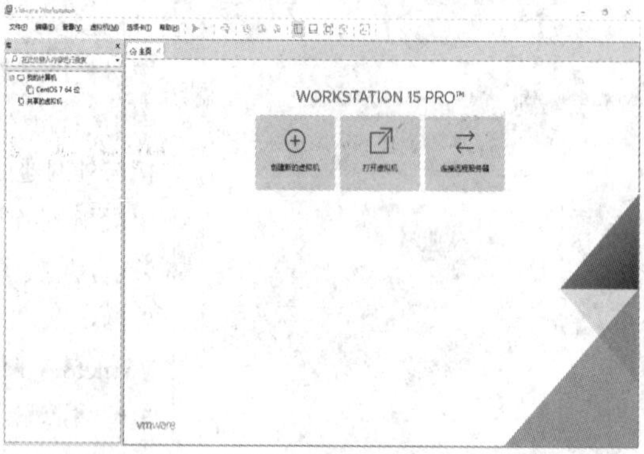
</td><td>在 VMware Workstation 操作界面左侧库中，出现一个“CentOS 7 64 位”虚拟机，说明虚拟机已经创建成功。</td></tr>
<tr><td>步骤二：
安装 Linux 操作系统。</td><td>1. 打开 VMware Workstation 虚拟机软件，选择左侧库中所创建的虚拟机，在虚拟机管理界面中单击“开启此虚拟机”，等待几秒钟就能看到 CentOS 7 系统的安装界面，如下图所示。此时通过键盘的方向键选择“Install CentOS 7”选项来直接安装 CentOS 7 操作系统。
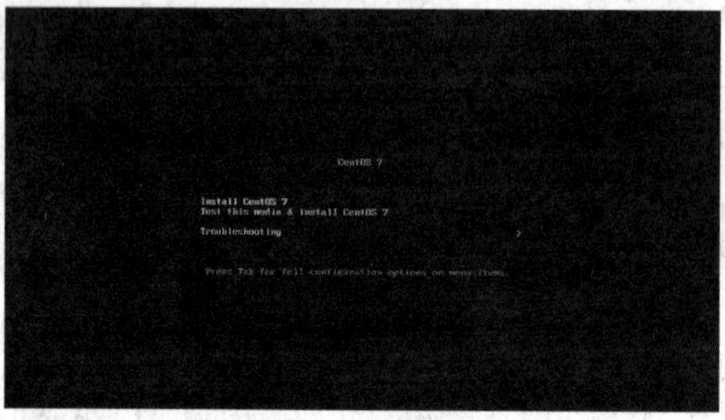

2. 按回车键后，等待几十秒，进入系统的安装语言设置界面，如下图所示。这里选择“简体中文”。
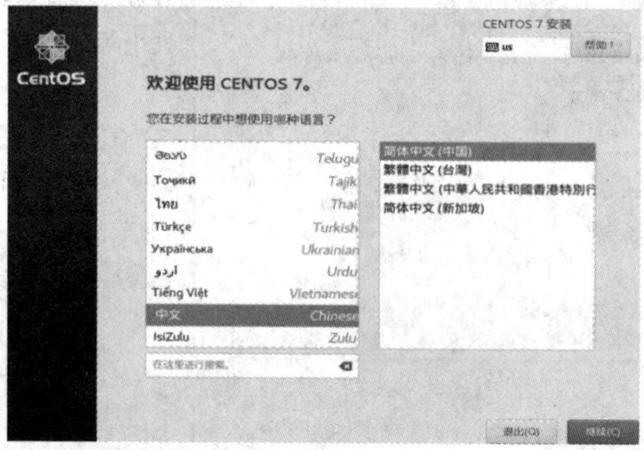
</td><td>在 CentOS 7 系统的安装界面中，有三个选项。“Install CentOS 7”选项用于直接安装操作系统；
“Test this media & install CentOS 7”选项用于校验光盘完整性后再安装系统；“Troubleshooting”选项用于启动救援模式。

在系统的安装语言设置界面中，可以选择安装过程中使用的语言，根据需要进行选择。</td></tr>
</table>

续表八

操作步骤	操 作 过 程	操 作 说 明
步骤二： 安装 Linux 操作系统。	3. 单击“继续”按钮，进入系统安装信息界面，如下图所示。  4. 单击“日期和时间”选项，进入日期和时间设置界面，如下图所示。这里地区选择“亚洲”，城市选择“上海”，时间根据实际的时间进行设置。 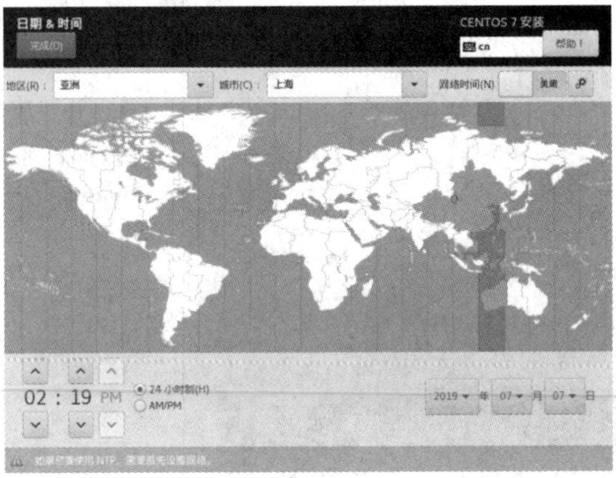 5. 单击“完成”按钮，返回系统安装信息界面。在系统安装信息界面中再单击“软件选择”，可以进入软件选择界面，如下图所示。这里基本环境选择“带 GUI 的服务器”选项，附加选项可以不选。 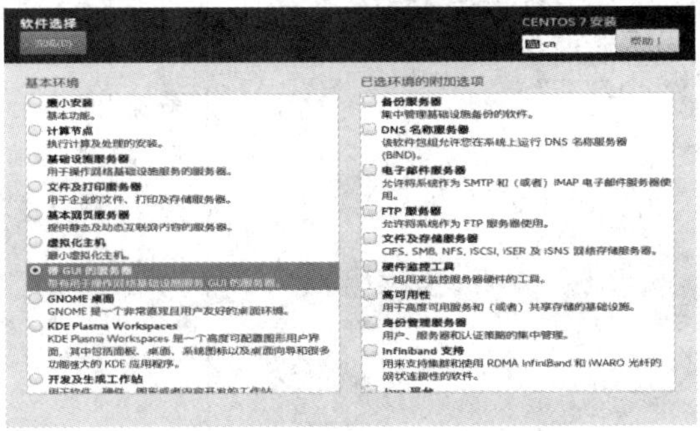 	在系统安装信息界面中，可以完成 CentOS 7 系统的相关设置。 在日期和时间设置界面中，可以设置 Linux 操作系统的时区、日期和时间。 在软件选择界面中，可以选择基本环境和附加选项。基本环境中“带 GUI 的服务器”“GNOME 桌面”“KDE Plasma Workspaces”这三项是带有图形界面的环境，其他选项都是命令行界面的环境；附加选项中是各种功能服务的安装环境。用户根据需要进行选择。

续表九

操作步骤	操 作 过 程	操 作 说 明
步骤二： 安装 Linux 操作系统。	6. 单击“完成”按钮，返回系统安装信息界面。在系统安装信息界面中再单击“安装位置”，可以进入安装目标位置设置界面，如下图所示。 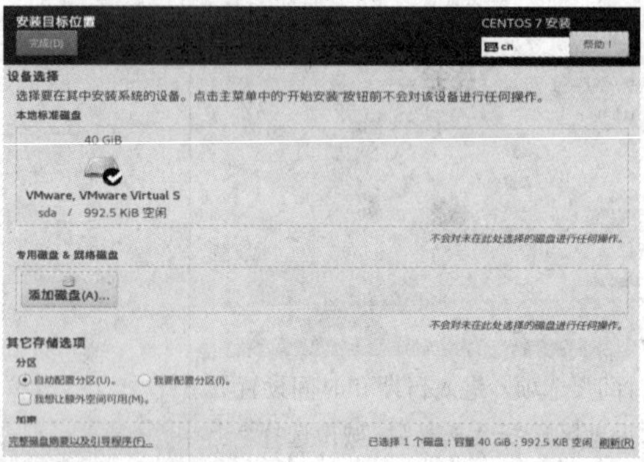 7. 单击“完成”按钮，返回系统安装信息界面。在系统安装信息界面中再单击“开始安装”按钮，进入用户设置界面，如下图所示。  8. 单击“ROOT 密码”，进入设置 root 管理员密码界面，如下图所示，输入 root 密码。 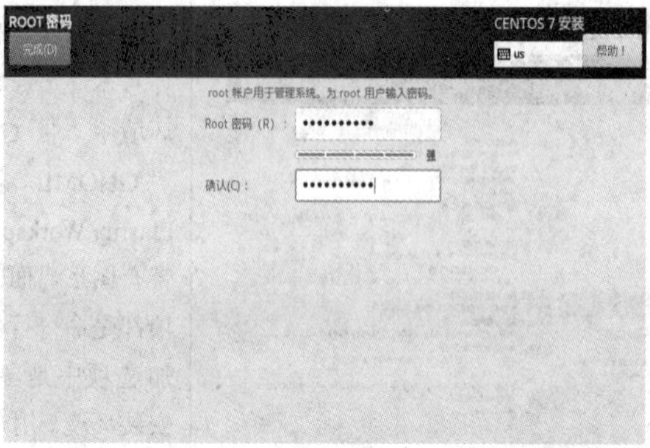 	安装目标位置设置界面主要用于分区设置，其有两个选项。 “自动配置分区”选项，系统会根据默认配置对硬盘进行分区，使用标准化的分区格式；“我要配置分区”选项，可以手动进行分区，各分区大小和类型可以自己定义。 在用户设置界面中，需要设置 ROOT 的密码以及创建一个用户账户。 在设置root管理员密码界面中，可以设置 root 密码，如果系统用于实际的生产中，root 管理员的密码一定要足够复杂，否则系统将面临严重的安全问题。

续表十

操作步骤	操 作 过 程	操 作 说 明
	9. 单击“完成”按钮，返回用户设置界面。在用户设置界面中再单击“创建用户”，进入创建用户界面，如下图所示。创建一个用户名为 admin 的用户账号。  	在创建用户界面中，需要输入用户的全名、用户名以及密码。如果想让该用户成为管理员，则需要选择“将此用户作为管理员”选项。建议在此创建用户，如果不创建，首次登录系统时，系统会再次提示创建用户。
步骤二：安装 Linux 操作系统。	10. 单击“完成”按钮，返回用户设置界面，安装完成后，出现如下图所示界面。 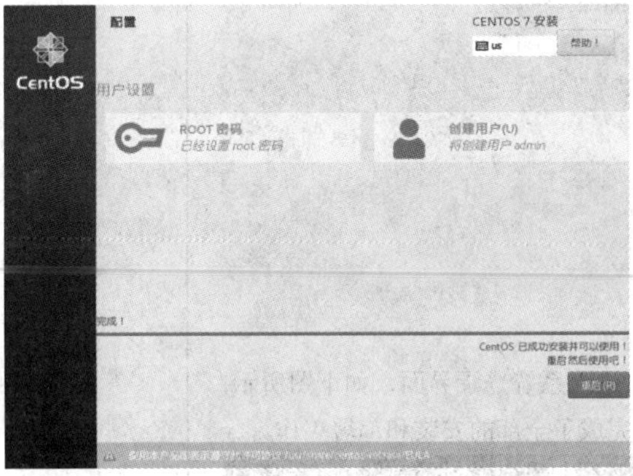 	系统安装时间大约 30～40 分钟，在安装过程中请耐心等待。
	11. 单击“重启”按钮，重启系统后首先进入系统的初始化界面，如下图所示。  	在系统的初始化界面中，可以进入许可协议配置界面。

续表十一

操作步骤	操 作 过 程	操 作 说 明
步骤二： 安装 Linux 操作系统。	12. 单击“LICENSE INFORMATION”，进入许可协议配置界面，如下图所示，选择“我同意许可协议”选项。 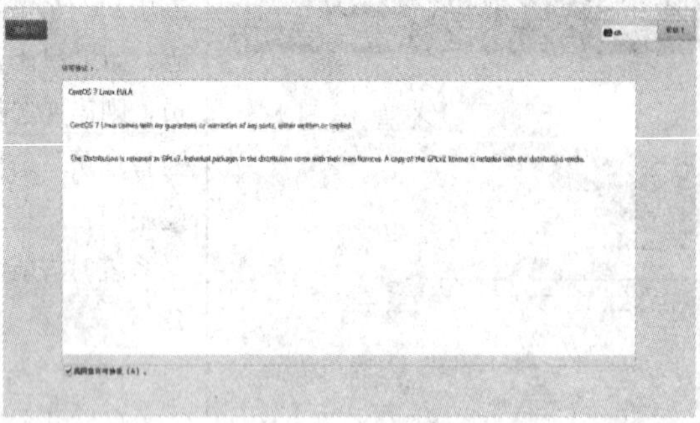 13. 单击“完成”按钮，返回系统的初始化界面，如下图所示。单击右下角“完成设置”，此时 CentOS 7 系统又一次重启。  14. 系统重启后，进入系统登录界面，如下图所示，说明 CentOS 7 系统完成了全部的安装和部署工作。 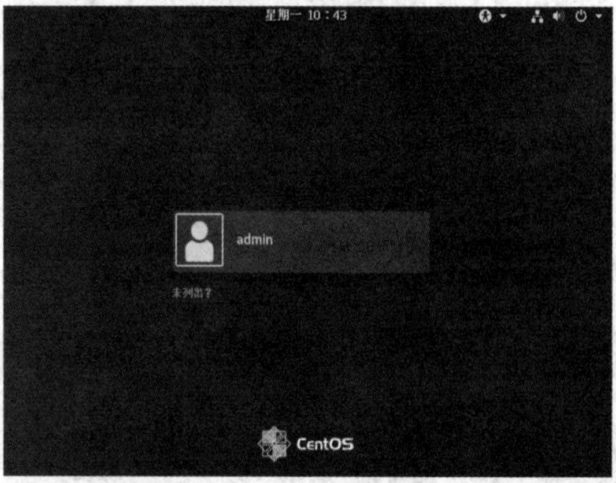 	因为安装操作系统时，选择使用“带 GUI 的服务器”的基本环境，所以系统启动后，进入的是 CentOS 7 系统的图形登录界面。

【任务拓展】

某高校需要架设一套服务器为学校内部提供服务，现需要安装 Linux 操作系统，具体配置如下：SCSI 硬盘大小为 100 GB，内存 8 GB，采用双网卡配置。

任务 2　Linux 系统管理

【任务介绍】

M 公司原管理员离职后，安排小王来负责服务器的管理工作，但工作交接时出现问题，小王不知道服务器的 root 密码，因此需要重新设置 root 密码，并将系统主机名改为 xiaowang。

【任务分析】

要实现 root 用户密码和主机名的修改，可以按以下几个步骤进行操作：

步骤一：进入内核编辑界面，修改相关参数。

步骤二：进入紧急救援模式，修改 root 密码。

步骤三：登录系统，使用 root 用户身份登录。

步骤四：修改主机名。

【必备知识】

完成本任务需要掌握的必备知识见 2.1～2.3 节。

2.1　Linux 系统登录

Linux 系统的登录模式有两种：命令行登录和图形界面登录。

1. 命令行登录

在安装 CentOS 7 系统时，默认会选择最小化安装，那么成功启动系统后，会进入命令行登录界面，屏幕上显示的内容如图 2-1 所示。

```
CentOS  Linux 7  (Core)
kernel  3.10.0-957.el7.x86_64  on  an  x86_64
localhost  login :
```

图 2-1　CentOS 7 系统命令行登录界面

图 2-1 中，第一行"CentOS Linxu 7(Core)"表示本 Linux 操作系统是 CentOS 7 版本的；第二行"Kernel 3.10.0-957.el7.x86_64 on an x86_64"是系统的内核版本号；第三行"localhost login:"表示登录本地主机，后面应该输入用户名。

如果以管理员身份登录系统，在"localhost　login:"后输入 root，回车确认后，在"Passwd:"后面输入 root 密码，这里输入密码时，在屏幕上是不显示的，如果输入的密码正确，就可以看到一条登录时间的提示以及“[root@localhost ~] #”这样的命令提示符，表明 root 用户已经登录到系统中，屏幕上显示的内容如图 2-2 所示。

```
CentOS  Linux 7  (Core)
kernel  3.10.0-957.el7.x86_64  on  an  x86_64
localhost  login : root
Passwd :
Last  login : Mon  Jan  20  10:35:21  on  : 0
[root@localhost ~] #
```

图 2-2　命令行 root 用户登录界面

2. 图形界面登录

在安装 CentOS 7 系统时，如果选择带图形界面的安装环境，那么在系统启动后，会进入图形登录界面，屏幕上会看到如图 2-3 所示的登录界面。

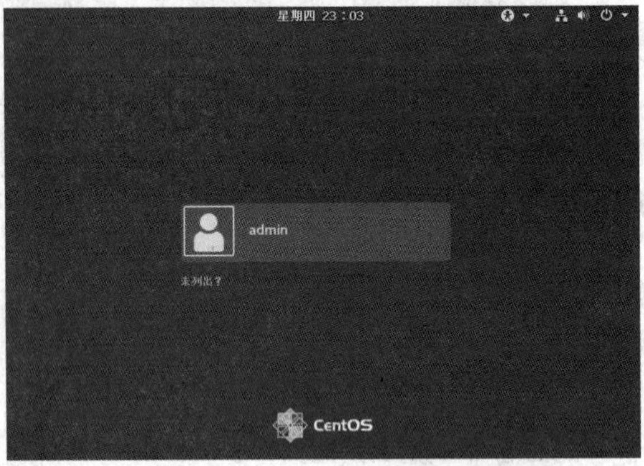

图 2-3　CentOS 7 图形登录界面

图 2-3 中 admin 是安装系统时创建的一个用户，单击“admin”，再输入 admin 的密码，就可以 admin 用户身份登录系统。如果想以管理员 root 用户身份登录系统，则单击“未列出？”，此时会弹出如图 2-4 所示的用户名输入框。

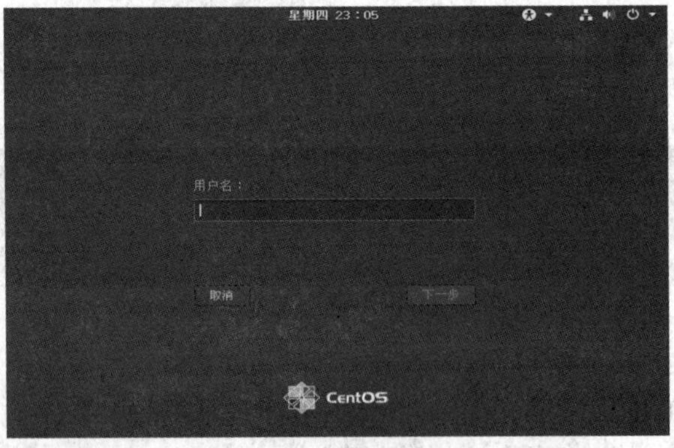

图 2-4　用户名输入框

在用户名输入框中输入 root，单击“下一步”按钮后弹出如图 2-5 所示的密码输入框，再输入 root 的密码，单击“登录”按钮。

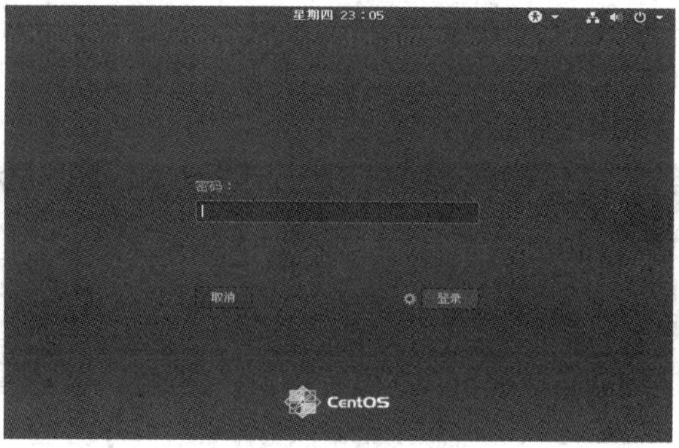

图 2-5　密码输入框

如果输入的密码正确，就可以进入 CentOS 7 系统的图形操作界面，如图 2-6 所示。

图 2-6　CentOS 7 系统的图形操作界面

3. 命令行界面与图形界面的切换

在有图形界面的操作系统中，可以实现命令行界面与图形界面之间的切换，具体操作方法如下：

(1) 图形界面→命令行界面：在图形界面左上角的“应用程序”中打开“终端”，在终端的命令行中输入“init 3”，如图 2-7 所示，可以从图形界面切换至命令行界面，或者直接使用快捷键 Ctrl + Alt + F2 切换。

图 2-7　在图形界面的终端中输入“init 3”

(2) 命令行界面→图形界面：在命令行登录界面中，用管理员 root 用户身份登录系统，在命令行中输入“init 5”，如图 2-8 所示，可以从命令行界面切换至图形界面，或者直接使用快捷键 Ctrl + Alt + F1 切换。

```
CentOS  Linux 7  (Core)
kernel  3.10.0-957.el7.x86_64  on  an  x86_64
localhost  login : root
Passwd  :
Last  login : Mon  Jan  20  10:58:23  on  : 0
[root@localhost ~] # init  5
```

图 2-8　在命令行界面的命令行中输入“init 5”

这里需要注意的是，如果以普通用户身份登录系统，也可以使用 init 命令，但必须要得到 root 的认证授权，也就是需要输入 root 的密码，输入正确后才能完成界面切换。

2.2　Linux 命令基础

1. Linux 命令提示符

用户登录系统后，在图形界面中打开命令终端，此时会出现以下内容：

```
[root@localhost ~]#
```

这就是 Linux 系统的命令提示符，这个命令提示符每个部分的含义如下：

[]：提示符的分隔符号，没有特殊含义。

root：显示的是当前的登录用户。现在使用的是 root 用户登录。如果使用 hcit 用户登录系统，这里显示的是 hcit。

@：分隔符号，没有特殊含义。

localhost：当前系统主机名的简写，完整主机名是 localhost.localdomain。

~：代表用户当前所在的目录。此例中用户当前所在的目录是家目录。家目录又称主目录，在 Linux 系统中，用户登录后会有一个初始登录位置，这个初始登录位置就称为用户的家目录。系统中 root 用户的家目录是/root，普通用户的家目录是/home/用户名。

#：提示符。Linux 用这个符号标识登录的用户权限等级。#表示当前登录的是管理员用户，$表示当前登录的是普通用户。

2. Linux 命令的基本格式

Linux 命令的基本格式如下：

```
[root@localhost ~]# 命令  [选项]  [参数]
```

在 Linux 命令格式中，[]代表可选项。有些命令不写选项或参数，也能执行。命令的选项用于调整命令功能，而命令的参数是这个命令的操作对象。

3. Linux 命令使用注意事项

(1) Linux 命令中需要严格区分大小写，包括执行的命令名、选项、参数以及系统中的文件名。

(2) Linux 命令中，命令、选项、参数之间都应该有空格。

(3) 如果要在一个命令行上输入和执行多条命令，可以使用分号“;”来分隔命令。

(4) 如果想将一个较长的命令分成多行，可以使用反斜杠“\”来分隔命令。

4. Linux 系统中常用的快捷键

Linux 系统中常用的快捷键如表 2-1 所示。

表 2-1 Linux 系统中常用的快捷键

快捷键	快捷键含义
Tab	补全命令或者文件名
Ctrl + C	终止正在运行的命令或进程
Ctrl + D	退出终端窗口
Ctrl + L	清空屏幕
Ctrl + Z	将正在运行的程序送到后台

2.3 Linux 系统管理命令

下面介绍常用的 Linux 系统管理命令。

1. shutdown 命令

shutdown 命令可以用来重启也可以用来关闭系统。其命令格式为“shutdown [选项] 时间”。常用选项有-r 和-h，其中-r 选项用于重启系统，-h 选项用于关闭系统，实现代码与功能如下：

```
[root@localhost ~]# shutdown -r now          //关闭系统后重启
[root@localhost ~]# shutdown -h now          //关闭系统后不重启
[root@localhost ~]# shutdown -r +5           //5 分钟后重启系统
[root@localhost ~]# shutdown -h +5           //5 分钟后关闭系统
[root@localhost ~]# shutdown -r 8:00         //8 点钟重启系统
[root@localhost ~]# shutdown -h 8:00         //8 点钟关闭系统
```

2. reboot 命令

reboot 命令用来重新启动系统，相当于“shutdown -r now”。

3. poweroff 命令

poweroff 命令用于立即停止系统，并关闭电源，相当于“shutdown -h now”。

4. uname 命令

uname 命令用于显示系统的相关信息，包括内核版本号、操作系统类型等。其命令格式为“uname [选项]”。加上 -a 选项，可以显示系统的全部信息，实现代码与结果如下：

```
[root@localhost ~]# uname -a
Linux localhost.localdomain 3.10.0-957.el7.x86_64 #1 SMP Mon Jan 2012:09:32 UTC 2018
x86_64 x86_64 x86_64 GNU/Linux
```

5. date 命令

date 命令用于显示或设置系统的日期与时间。其命令格式为“date [选项] [参数]”。

(1) 显示当前时间，实现代码与结果如下：

```
[root@localhost ~]# date
2020 年 01 月 20 日星期一 11:12:02 CST
```

(2) 将系统的日期修改为 2020 年 2 月 10 日，实现代码与结果如下：

```
[root@localhost ~]# date  -s  2020-02-10
2020 年 02 月 10 日星期一 00:00:00 CST
```

(3) 将系统的时间修改为 15 点 10 分，实现代码与结果如下：

```
[root@localhost ~]# date  -s  15:10
2020 年 02 月 10 日星期一 15:10:00 CST
```

6. free 命令

free 命令用于查看当前系统中内存的使用情况，包括物理内存、交换内存(swap)和内核缓冲区内存。其命令格式为“free [选项]”。加上 -h 选项，可以用常见的单位显示内存使用情况，实现代码与结果如下：

```
[root@localhost ~]# free  -h
        total   used   free   shared   buff/cache   available
Mem:    3.8G    621M   2.7G   23M      580M         2.9G
Swap:   3.9G    0B     3.9G
```

7. echo 命令

echo 命令用于在终端输出字符串或变量提取后的值。echo 命令多用于 shell 脚本中。例如需要在终端上输出“Today is Monday”，实现代码与结果如下：

```
[root@localhost ~]# echo “Today  is  Monday”
Today  is  Monday
```

8. ps 命令

ps 命令用于查看系统中的进程状态。其命令格式为“ps [选项]”。加上 -u 选项，可以显示进程的用户名和启动时间等信息，实现代码与结果如下：

```
[root@localhost ~]# ps  -u
USER  PID %  CPU %  MEM  VSZ     RSS    TTY   STAT  START  TIME  COMMAND
root  9686   0.4    1.0  309996  40476  tty1  Ssl+  12:53  0:03  /usr/bin/X :
root  11439  0.1    0.0  116344  2944   pts/0 Ss+   13:00  0:00  bash
root  11491  0.0    0.0  116228  2868   pts/1 Ss    13:00  0:00  -bash
root  11600  0.0    0.0  155360  1900   pts/1 R+    13:04  0:00  ps -au
```

输出内容的每一项分别是：进程的所有者、进程 ID 号、CPU 占用率、内存占用率、虚拟内存使用量、占用的固定内存量、所在终端进程状态、被启动的时间、实际使用 CPU

的时间、命令名称与参数等。

9. pidof 命令

pidof 命令用于查询某个指定服务进程的PID值。例如查询bash进程的PID值，实现代码与结果如下：

```
[root@localhost ~]# pidof    bash
11439
```

10. kill 命令

kill 命令用来向进程发送一个信号，信号可以由用户指定，常用于终止某个服务进程。使用“kill -l”命令可以查看所有信号及其编号。kill 命令常用信号及其含义如表2-2所示。

表2-2 kill 命令常用信号及其含义

信号编码	信号名	信 号 含 义
1	SIGHUP	挂掉电话线或终端连接的挂起信号
2	SIGINT	结束进程，但并不是强制性，等同于快捷键“Ctrl + C”
9	SIGKILL	杀死进程，即强制结束进程
15	SIGTERM	正常结束进程，是 kill 命令的默认信号
19	SIGSTOP	暂停进程，等同于快捷键“Ctrl + Z”

kill 的命令格式为“kill [选项] 进程PID”。例如强制终止bash进程，实现代码与结果如下：

```
[root@localhost ~]# kill    -9    11439
```

执行命令“kill -9 11439”，可以结束bash进程，同时会关闭“终端”窗口。

11. killall 命令

在系统中一个复杂软件的服务程序通常会有多个进程，使用kill命令一个一个结束这些进程比较麻烦，使用killall命令可以终止某个指定名称的服务所对应的全部进程。其命令格式为“killall [选项] [进程名称]”。

12. alias 命令

alias 命令用于查询和设置命令的别名，常用来设置一些比较复杂且常用命令的别名。其命令格式为“alias 命令别名=命令”。

(1) 设置“pp”为“pwd”命令的别名，实现代码与结果如下：

```
[root@localhost ~]# alias    pp=pwd
[root@localhost ~]# pp
/root
[root@localhost ~]# pwd
/root
```

将“pp”设置为“pwd”命令的别名后，执行两个命令，系统显示结果都是一样的。

(2) 查询系统中的别名，实现代码与结果如下：

```
[root@localhost ~]# alias
……(前面省略)……
alias ll='ls -l --color=auto'
alias ls='ls --color=auto'
alias mv='mv -i'
alias pp='pwd'
alias rm='rm -i'
alias which='alias | /usr/bin/which --tty-only --read-alias --show-dot --show-tilde'
```

直接输入“alias”命令，可以将当前系统中所有的别名都列出来，可以看到，刚刚设置的那个别名 alias pp='pwd'。

13. history 命令

history 命令用于显示用户最近执行的命令，并且每个命令行前会有编号，实现代码与结果如下：

```
[root@localhost ~]# history
……(前面省略)……
4   date -s 15:10
5   free -h
……(下面省略)……
```

如果想重新执行 history 中显示的命令行，命令格式为“!编号”。例如再执行一次历史命令中的 free　-h，实现代码与结果如下：

```
[root@localhost ~]# !5
free   -h
              total        used        free      shared  buff/cache   available
Mem:           3.8G        629M        2.7G         24M        580M        2.9G
Swap:          3.9G          0B        3.9G
```

14. hostname 命令

hostname 命令用于显示主机名，及更改主机名。

(1) 查询当前系统的主机名，实现代码与结果如下：

```
[root@localhost ~]# hostname
localhost.localdomain
```

执行命令“hostname”，可以查询到系统的主机名是 localhost.localdomain，这是 CentOS 7 系统默认的主机名。

(2) 将主机名修改为 client，实现代码与结果如下：

```
[root@localhost ~]# hostname   client
[root@localhost ~]# hostname
client
```

执行命令“hostname　client”，可以将系统的主机名修改为 client。这里需要注意的是，hostname 命令只能临时修改主机名，一旦系统重启就失效了。

(3) 将主机名永久修改为 server，实现代码与结果如下：

```
[root@localhost ~]# hostnamectl  set-hostname  server
[root@localhost ~]# hostname
server
```

执行命令“hostnamectl　set-hostname　server”，可以将系统的主机名永久修改为 server；再执行命令“hostname”，可以查看到主机名已经变为 server，但是此时命令提示符“[root@ localhost ~]”的主机名部分并没有发生改变。

使用快捷键“Ctrl + D”可以让修改的主机名立即生效。如果是在命令行界面中，使用快捷键“Ctrl + D”后需要重新输入用户名和密码登录；如果是在图形界面中，使用快捷键“Ctrl + D”后需要重新打开一个终端窗口。此时可以看到命令提示符“[root@ server ~]”的主机名部分已经由 localhost 变为 server。

```
[root@ server ~]#
```

【任务实施】

任务 2 的实施过程如表 2-3 所示。

表 2-3　任务 2 的实施过程

<table>
<tr><th>操作步骤</th><th>操 作 过 程</th><th>操 作 说 明</th></tr>
<tr><td rowspan="2">步骤一：进入内核编辑界面，修改相关参数。</td><td>1. 重启系统后，进入系统启动界面，如下图所示。
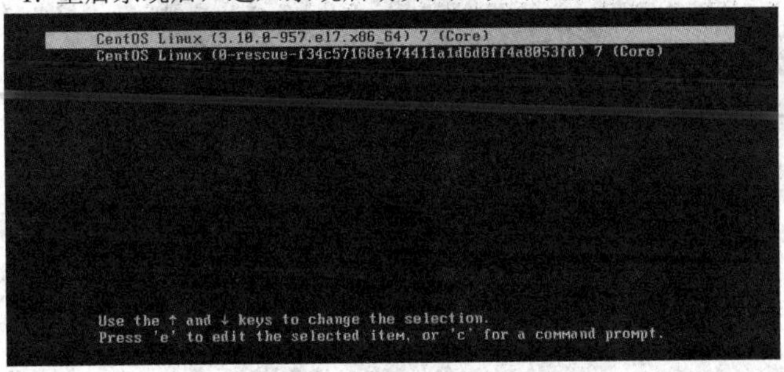
</td><td>要完成系统重启，执行命令“reboot”，也可以在 VMware 软件的菜单栏中选择“重新启动客户机”选项。</td></tr>
<tr><td>2. 按“e”键，进入内核编辑界面，如下图所示，找到 linux16 这一段，在段落最后加上“rd.break”。
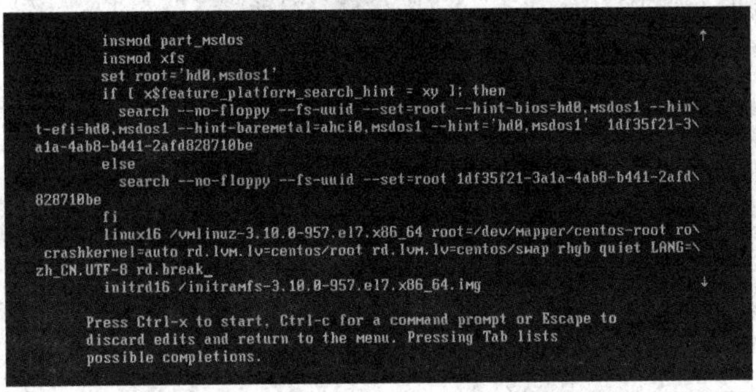
</td><td>要在 5 秒钟内按下“e”键，否则自动进入系统启动。在内核编辑界面中，使用键盘上的方向键控制光标的移动，注意 rd 前面有空格，接着按“Ctrl + X”完成系统重启。</td></tr>
</table>

续表一

操作步骤	操作过程	操作说明
步骤二：进入紧急救援模式，修改 root 密码。	1. 按“Ctrl + X”，系统运行修改过的内核程序，并进入系统重启，系统启动后，可以进入紧急救援模式，如下图所示。输入两条命令“mount -o remount,rw /sysroot”“chroot /sysroot”。 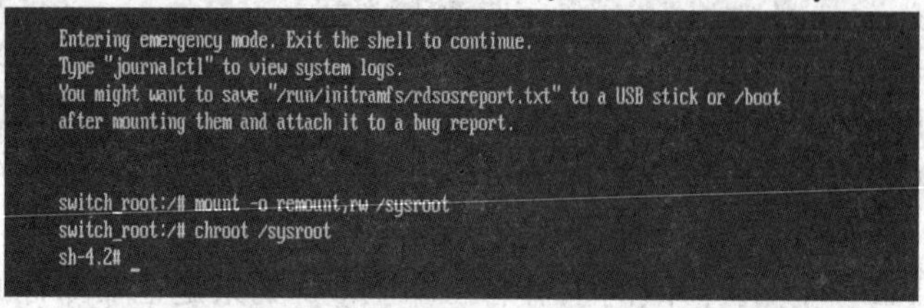 2. 输入“passwd”命令，修改 root 用户密码，如下图所示。在第一行输入密码并回车后，在第二行再输入一遍密码。 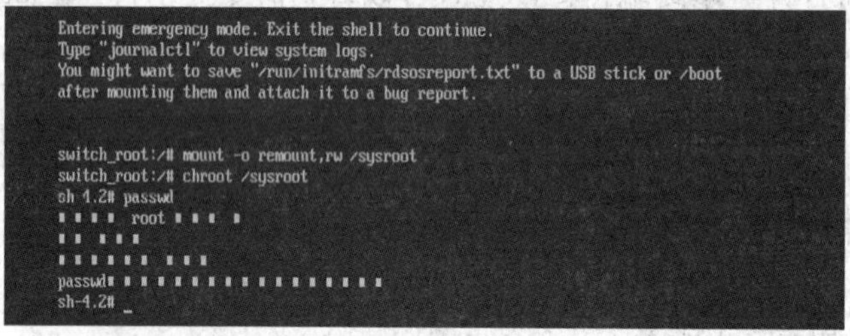 3. 依次输入三条命令“touch /.autorelabel”“exit”“reboot”，如下图所示。 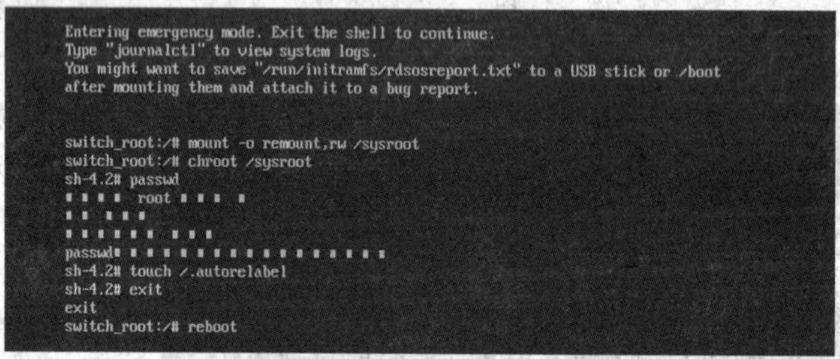 	mount -o remount，rw /sysroot：以读写方式挂载/sysroot 目录。 chroot /sysroot：将/sysroot 目录暂时作为根目录。 passwd：修改 root 用户的密码。系统显示“passwd ■■■■ ■■■■■■■”，表示密码修改成功，但这里需要注意的是，输入密码时在屏幕上是不显示的。 touch /.autorelabel：启动自动恢复 SELinux。 exit：退出 chroot 模式。 reboot：重启系统。
步骤三：登录系统，使用 root 用户身份登录。	1. 系统启动后，显示图形登录界面，如下图所示。 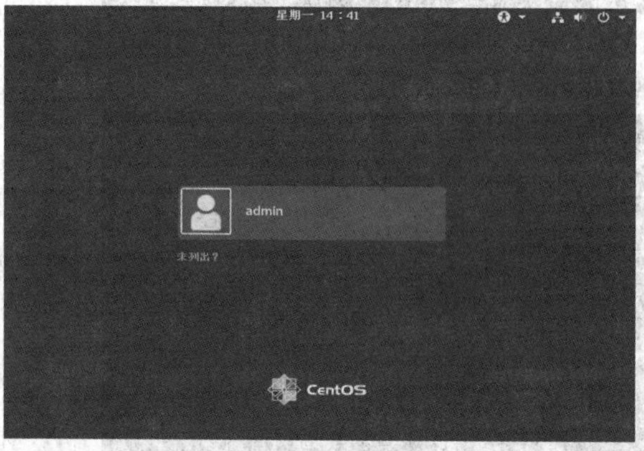 	admin 是安装系统时创建的一个用户。

续表二

<table>
<tr><th>操作步骤</th><th>操 作 过 程</th><th>操 作 说 明</th></tr>
<tr><td>步骤三：
登录系统，
使用 root 用户身份登录。</td><td>2. 单击“未列出？”按钮，显示用户名输入框，如下图所示，输入 root。
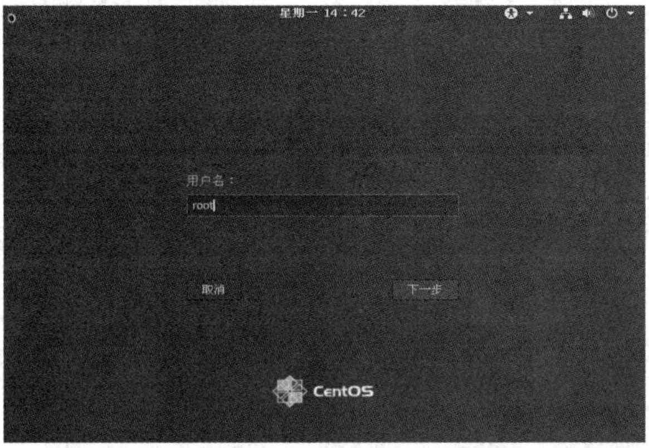

3. 单击“下一步”按钮，出现密码输入框，如下图所示。输入修改后的密码，再单击“登录”按钮，进入系统。
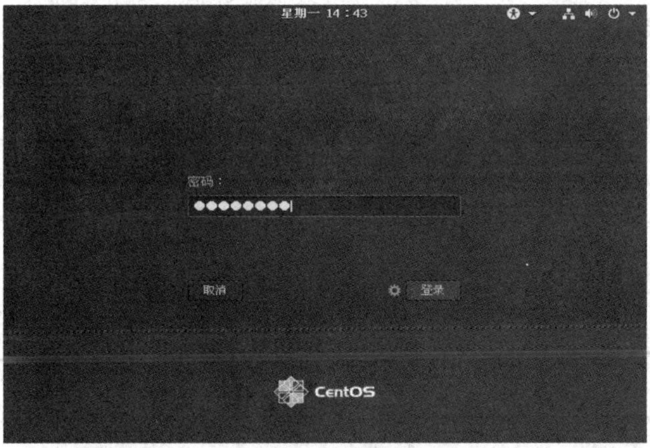
</td><td>root 是系统管理员用户。

输入修改后的 root 用户密码。</td></tr>
<tr><td>步骤四：
修改主、
机名。</td><td>1. 登录系统后，可以看到 CentOS 7 系统的图形操作界面，如下图所示。
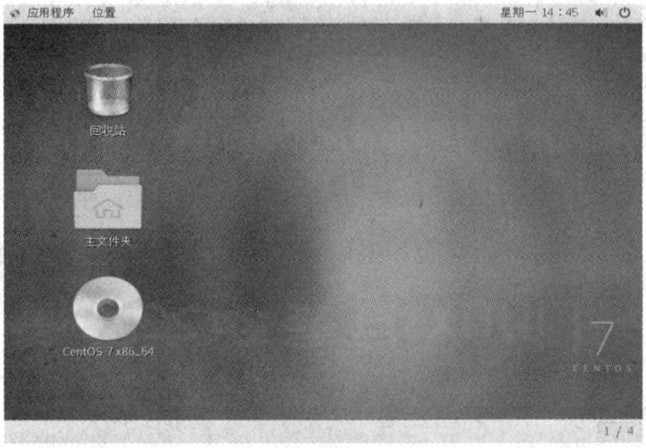
</td><td></td></tr>
</table>

续表三

<table>
<tr><th>操作步骤</th><th>操 作 过 程</th><th>操 作 说 明</th></tr>
<tr><td rowspan="3">步骤四：修改主机名。</td><td>2. 在图形操作界面左上角的“应用程序”中单击“终端”选项，如下图所示，可以打开“终端”窗口。
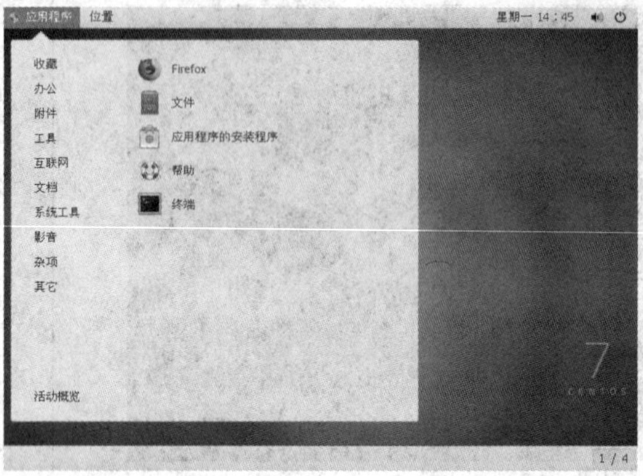</td><td>“hostnamectl set-hostname xiaowang”可以将主机名永久修改为“xiaowang”。</td></tr>
<tr><td>3. 在“终端”窗口的命令行中输入命令“hostnamectl　set-hostname xiaowang”，如下图所示。
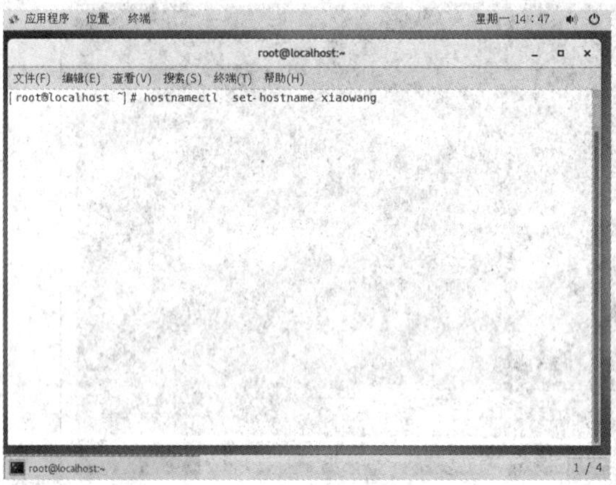</td><td></td></tr>
<tr><td>4. 使用快捷键“Ctrl + D”，再打开一个新的终端窗口，如下图所示。此时，主机名已经完成修改。
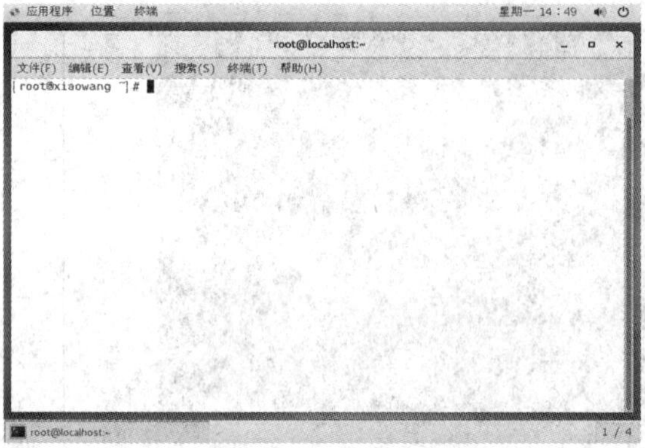</td><td>使用快捷键“Ctrl + D”，可以退出当前终端窗口，相当于退出当前 shell，使修改主机名的操作立即生效。</td></tr>
</table>

【任务拓展】

将某高校服务器中的 root 用户密码重置为 hcit2020，并将服务器的主机名修改为 hcit。

【项目一习题】

一、选择题

1. 下列选项中，( )不是 Linux 的特点。

A. 单用户　　B. 开放性　　C. 多用户　　D. 多任务

2. Linux 最早由( )开发。

A. Linus Torvalds　　B. Rob Pick

C. Richard Petersen　　D. Linux Sarwar

3. Linux 操作系统默认的系统管理员账号是( )。

A. administrator　　B. root　　C. centos　　D. admin

4. 在 Linux 系统中，想停止一个正在执行的命令，可以使用( )。

A. Esc　　B. Ctrl + D　　C. Ctrl + C　　D. Tab

5. 在 Linux 系统的命令行中，可以使用( )来自动补全命令。

A. Alt　　B. Tab　　C. Ctrl　　D. Shift

二、判断题

1. 在 Windows 系统中，利用 Vmware Workstation 虚拟机软件只能安装一个 Linux 操作系统。( )

2. 安装 Linux 操作系统时，必须要有根分区。( )

3. Linux 系统中，命令必须区分大小写，选项参数无需区分大小写。( )

4. Linux 系统中，命令与选项之间必须用空格间隔。( )

5. Linux 系统中，所有命令后面必须加上选项或者参数才能正常执行。( )

三、简答题

1. 简述 Linux 系统的特点。
2. 忘记 root 密码，如何解决？
3. 简述命令提示符“[root@localhost ~]”中每部分的含义。
4. CentOS 7 系统中，命令行界面与图形界面之间如何切换？
5. 简述 Linux 系统中常用的快捷键以及各自的功能。

项目二　Linux 目录和文件管理

作为 Linux 操作系统的管理员，对于目录和文件的创建与管理必须熟练掌握。本项目主要介绍建立与删除目录、建立与删除文件以及如何查找文件、查看文件内容等。

【知识目标】

1. 了解 Linux 目录结构及主要目录的功能。
2. 熟练掌握 Linux 系统中显示目录路径、创建目录、切换目录、删除目录等命令的使用方法。
3. 熟练掌握 Linux 系统中查看文件内容、创建文件、复制文件、移动文件、删除文件、查找文件等命令的使用方法。

【能力目标】

1. 根据企事业单位要求，设计目录分配方案，并利用 Linux 系统中目录创建与管理的方法，实现对企业各部门目录的管理。
2. 根据企事业单位要求，设计文件分配方案，并利用 Linux 系统中文件创建与管理的方法，实现对企业各部门文件的管理。

任务 3　Linux 目录管理

【任务介绍】

M 公司随着业务范围不断的扩大，对现有部门进行调整。将原来的技术部拆分为研发部和服务部，新增市场部。为此，作为系统管理员需要在 Linux 系统中完成新增部门文件存放目录的设置，所有部门文件目录统一放在 /company 目录下。根据公司要求，每个部门目录及子目录情况如表 3-1 所示。

表 3-1　公司各部门目录情况

部门名称	目录名称	子目录名称	备注	部门名称	目录名称	子目录名称	备注
技术部	js	js_DM js_WD	原有	服务部	fw	fw_before fw_after	新增
研发部	yf	yf_soft yf_hard	新增	市场部	sc	sc_east sc_south sc_west sc_north	新增

【任务分析】

要实现该企业目录的创建和删除，可以分为以下几个步骤：

步骤一：创建研发部目录。

步骤二：创建服务部目录。

步骤三：创建市场部目录。

【必备知识】

完成本任务需要掌握的必备知识见 3.1～3.8 小节。

3.1　Linux 目录与 Windows 目录区别

1. Windows 系统中目录

Windows 系统中一切皆图形，考虑用户体验性，系统尽可能地隐藏实现过程。在 Windows 系统中，打开“计算机”，可以看到一个个的驱动器盘符，例如 C:、D:、E: 等，每个驱动器都有自己的目录，这样就形成了多个目录树并列的情形，其结构如图 3-1 所示。通常情况下，系统文件存放的位置在 C 盘，当然也可以在安装时候指定在其他盘；其他用户文件，包含用户后来安装的程序以及一些数据文件等，用户可以把它们存放在系统中任意地方。

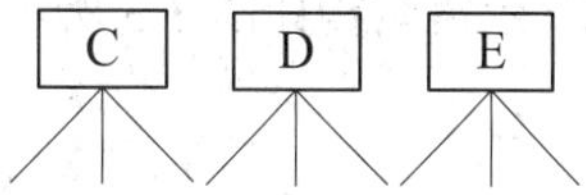

图 3-1　Windows 系统目录结构示意图

1) 优点

Windows 系统中用户储存文件的位置比较自由，系统结构简单，便于新用户上手。

2) 缺点

(1) 目录组织缺乏标准。由于对“系统文件”和“用户文件”存放位置缺乏细致的规定，数据组织的方式显得比较凌乱，并且两种文件之间很容易相互干扰。

(2) 用户的使用经验对系统的使用效率影响很大。一般来说，合理使用分区会提升系统的效率。

(3) 目录共享不便。Windows 上有经验的用户会将自己的目录结构组织好，但是每个用户组织自己内容的方式是不一样的，为目录共享带来了麻烦。

2. Linux 系统中目录

Linux 系统中一切皆是文件，所有内容都是以文件的形式保存和管理，包括文件、目录、硬件设备等。Linux 系统中的一切都是存放在唯一的虚拟文件系统中的，无论硬件、软件还是数据。在系统中没有驱动器盘符，所有的文件都是在根目录下面，根目录用符号“/”表示，其结构如图 3-2 所示。

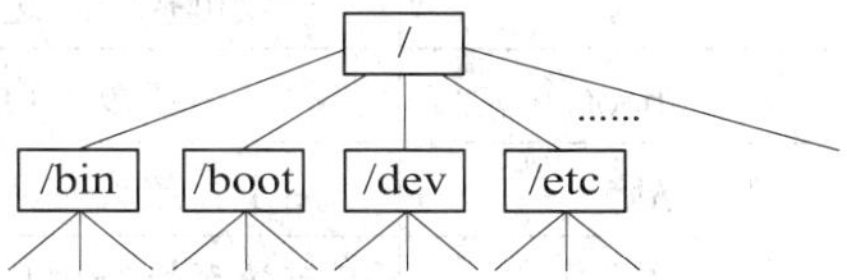

图 3-2　Linux 系统目录结构示意图

1) 优点

(1) 目录结构反映系统运行机理。当了解了这些目录的功能之后，对整个 Linux 操作系统的运行机理也会有一个大致的了解。

(2) 结构清晰避免逻辑混乱。这样的目录结构，有助于使用一种高效的方式组织使用者的数据，分类清晰并且不会对系统运行有任何影响，规定了最开始每个目录的功能，并没有限制使用者的自由，因为知道了可以在哪里创建目录和文件。

(3) 组织规范便于共享。在 Linux 中由于目录具有统一的组织结构，用户在共享数据的时候，能够猜测出所需要的数据大致存放在什么位置，同时也不会影响到私有数据的保密性，用户可以不共享自己的私有数据。

2) 缺点

Linux 系统中的每个子目录的功能是预先规定好的，首先需要知道每个目录下存放了哪些文件，然后在相应的位置中再去创建内容，这也是 Linux 系统入门比较难的原因。

3.2 Linux 目录结构

在 Linux 系统中，所有的文件与目录都是从根目录(/)开始的。根目录是所有目录与文件的源头，然后再是一个一个的分支，这种目录配置方式为目录树(Directory Tree)，Linux 系统目录树结构如图 3-3 所示。

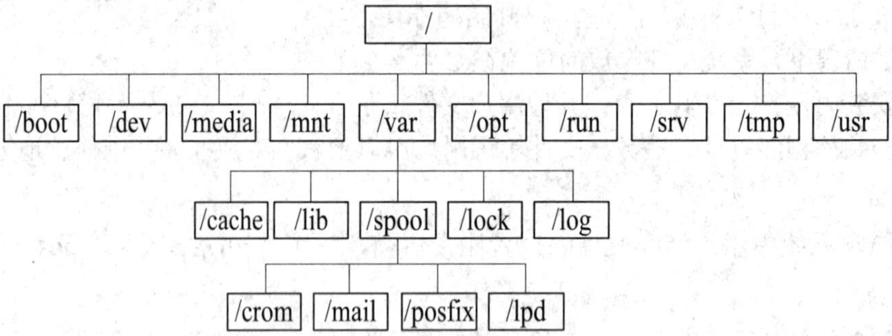

图 3-3 Linux 系统目录树结构

1. 根目录及子目录功能

根目录及其子目录的功能如表 3-2 所示。

表 3-2 根目录及子目录功能

目录名称	目 录 功 能
/	根目录，文件系统的入口，最高一级目录
/bin	存放可执行二进制文件，如 ls、cat 等
/boot	存放内核以及启动所需的文件
/dev	用于存放设备文件的目录，包括声卡、磁盘、光驱等
/etc	存放系统管理和配置文件
/home	系统默认的用户家目录
/lib	存放根文件系统中的程序运行所需要的共享库及内核模块
/mnt	一般用于临时挂载存储设备的挂载目录

续表

目录名称	目 录 功 能
/proc	存放存储进程和系统信息
/root	系统管理员 root 的家目录
/sbin	存放系统管理员使用的可执行命令
/tmp	用于用户或正在执行的程序临时存放文件的目录
/usr	存放系统应用程序、命令程序文件、程序库、手册和其他文档
/var	存放系统一般运行时要改变的数据

下面对 Linux 系统中几个重要的目录进行详细解读。

2. /etc 目录详解

/etc 目录主要用于存放系统管理和配置文件，例如用户的账号密码文件、各种服务的起始文件等，/etc 目录下主要文件、子目录功能如表 3-3 所示。

表 3-3 /etc 目录下主要文件、子目录功能

文件、目录名称	功 能
/etc/sysconfig/network-scripts/ifcfg-ethXX	网卡配置文件，用于配置本机 IP、网关等
/etc/resolv.conf	配置本机的客户端 DNS
/etc/hosts	配置 IP 与域名的对应解析表
/etc/fstab/	记录开机要挂载的文件系统，所有分区开机都会自动挂载
/etc/inittab	设定系统启动等级及启动文件设置
/etc/init.d	存放系统启动脚本
/etc/profile	系统全局变量配置路径
/etc/passwd	系统中用户账号信息
/etc/sudoers	命令的配置文件
/etc/syslog.conf	系统日志选项配置
/etc/skel/	默认创建用户时，把该目录拷贝到家目录下
/etc/sysconfig/network	配置机器名及网卡启动等配置
/etc/exports	设定 NFS 系统用的配置文件路径
/etc/xinetd.d	存放大部分的网络服务的配置文件
/etc/rc 或/etc/rc.d	启动或改变运行级时运行的脚本或脚本的目录
/etc/group	设定用户的组名与相关信息
/etc/motd	用户成功登录后自动输出通告信息
/etc/modprobe.conf	内核模块额外选项设定
/etc/DIR_COLORS	设定颜色
/etc/protocols	系统支持的协议文件

续表

文件、目录名称	功　能
/etc/X11X	Windows 的配置文件
/etc/issue	记录用户登录前显示的信息
/etc/mtab	当前安装的文件系统列表
/etc/login.defs	设置用户账号限制的文件
/etc/shells	存放有效登录 shell 的列表

3. /proc 目录详解

/proc 目录是一种伪文件系统，存储的是当前内核运行状态的一系列特殊文件，用户可以通过这些文件查看有关系统硬件及当前正在运行进程的信息，还可以通过更改其中某些文件来改变内核的运行状态，/proc 目录下主要文件、子目录功能如表 3-4 所示。

表 3-4　/proc 目录下主要文件、子目录功能

文件、目录名称	功　能
/proc/meminfo	存放内存信息
/proc/cpuinfo	存放处理器的相关信息，如类型、厂家、型号和性能等
/proc/cmdline	加载 kernel 时所下达的相关选项
/proc/filesystems	当前被内核支持的文件系统类型列表文件
/proc/interrupts	存放当前系统的 IRQ 分配状态
/proc/ioports	存放当前系统中各个装置所配置的 I/O 位址
/proc/kcore	系统物理内存映像
/proc/modules	当前装入内核的所有模块名称列表
/proc/mounts	系统已经挂载的数据
/proc/swaps	系统挂加载的内存位置
/proc/pci	在 PCI 汇流排上面，每个装置的详细情况
/proc/version	系统内核的版本
/proc/interrupts	显示被占用的中断信息和占用者的信息，以及被占用的数量
/proc/net	网络协议状态信息
/proc/self	存放到查看 /proc 的程序的进程目录的符号连接
/proc/devices	系统已经加载的所有块设备和字符设备的信息
/proc/dma	每个正在使用且注册的 ISA DMA 通道的信息列表
/proc/stat	实时记录自系统上次启动以来的多种统计信息

4. /usr 目录详解

/usr 目录主要用于存放应用程序、命令程序文件、程序库、手册和其他文档，系统默认的软件都会被放置到该目录，/usr 目录下主要文件、子目录功能如表 3-5 所示。

表 3-5　/usr 目录下主要文件、子目录功能

文件、目录名称	功　能
/usr/X11R6	存放 X-Windows 的目录
/usr/games	存放着 XteamLinux 自带的小游戏
/usr/doc	Linux 技术文档
/usr/include	存放 Linux 下开发和编译应用程序所需要的头文件
/usr/lib	存放一些常用的动态链接共享库和静态档案库
/usr/man	帮助文档所在的目录
/usr/src	存放 Linux 开放的源代码
/usr/bin	存放非必要可执行文件
/usr/lib	存放/usr/bin/和/usr/sbin/中二进制文件的库
/usr/sbin	存放非必要的系统二进制文件
/usr/share	存放体系结构无关(共享)数据
/usr/src	存放源代码
/usr/local	用户自己编译的软件默认会安装到该目录

5. /var 目录详解

/var 目录主要存放常态性变动数据，包括缓存、登录文件以及某些软件运行所产生的文件，包括程序文件，或者如 Mysql 数据库的文件等。/var 目录下主要文件、子目录功能如表 3-6 所示。

表 3-6　/var 目录下主要文件、子目录功能

文件、目录名称	功　能
/var/log/message	存放日志信息，按周自动轮询
/var/spool/cron/root	定时器配置文件
/var/log/secure	记录登录系统存取信息的文件
/var/log/wtmp	记录登录者信息的文件
/var/spool/clientmqueue	存放发给系统管理员的邮件
/var/spool/mail/	邮件目录
/var/tmp	需要存在较长时间的临时文件
/var/lib	系统正常运行时要改变的文件
/var/local	安装程序的可变数据
/var/log	各种程序的 log 文件
/var/run	保存到下次引导前有效的关于系统的信息文件

3.3　Linux 系统路径

1. 路径概念

在 Linux 系统中，所谓路径就是存放文件和目录的位置。

2. 绝对路径

从根目录开始，依次将各级子目录的名字组合起来，形成的路径就称为某个文件的绝对路径，例如根目录(/)下有目录 usr，usr 目录下有子目录 local，local 目录下有文件 mysql，那么 mysql 文件的绝对路径就是 /usr/local/mysql。

3. 相对路径

相对路径就是相对当前所在路径的位置，例如用户当前所在的目录为 /usr，也就是在根目录的 usr 子目录下，那么 mysql 文件相对当前位置的路径为 local/mysql。

下面 3.4～3.8 节介绍在 Linux 系统中目录管理的相关命令。

3.4 显示路径(pwd)

1. 命令作用

pwd 命令用于显示当前工作目录的绝对路径。

2. 命令格式

pwd 命令格式为“pwd”。

3. 命令案例

案例 1：以 root 用户登录系统，显示 root 用户的家目录，实现代码与结果如下：

```
[root@localhost ~]# cd  ~                      //切换到家目录
[root@localhost ~]# pwd                        //查询当前路径
/root
```

执行命令“cd ~”，可以将目录切换至用户的家目录，再执行“pwd”命令，查询当前路径，可以知道 root 用户的家目录为 /root。

案例 2：切换到 /etc/sysconfig/network-scripts 目录，显示当前目录路径，实现代码与结果如下：

```
[root@localhost ~]# cd  /etc/sysconfig/network-scripts      //切换到指定目录
[root@localhost network-scripts]# pwd                       //查询当前路径
/etc/sysconfig/network-scripts
```

执行命令“cd /etc/sysconfig/network-scripts”，可以切换到指定目录，再执行“pwd”命令，可以知道切换后的路径为 /etc/sysconfig/network-scripts。

3.5 切换目录(cd)

1. 命令作用

cd 命令用于切换当前工作目录至指定目录。

2. 命令格式

cd 命令的格式为“cd 目录名/特殊符号”。

3. 特殊符号说明

cd 命令使用中可以使用的特殊符号及含义如表 3-7 所示。

表 3-7　cd 命令中特殊符号及含义

特殊符号	符号含义
~	将目录切换到家目录
空白	将目录切换到家目录
-	将目录切换到上一次操作目录
..	将目录切换到上一级目录

4. 命令案例

案例 1：使用绝对路径方式，从当前目录切换到/usr/share/doc 目录，实现代码与结果如下：

```
[root@localhost ~]# cd   /usr/share/doc                    //切换到 doc 目录
[root@localhost doc]# pwd                                  //查询当前路径
/usr/share/doc
```

可以采用绝对路径方式切换目录，例如执行命令“cd　/usr/share/doc”，可以从当前目录切换到/usr/share/doc 目录。

案例 2：使用相对路径方式，从当前目录切换到/usr/share/man 目录，实现代码与结果如下：

```
[root@localhost doc]# cd   ../man                          //切换到 man 目录
[root@localhost man]# pwd                                  //查询当前路径
/usr/share/man
```

可以采用相对路径方式切换目录。当前目录是 /usr/share/doc 目录，而 /usr/share/man 和/usr/share/doc 都在/usr/share 目录下。执行命令“cd　../man”，可以切换到 /usr/share/man 目录，命令中“..”表示当前目录 /usr/share/doc 的上一级目录，也就是/usr/share 目录。

案例 3：从当前目录重新切换到 /usr/share/doc 目录，实现代码与结果如下：

```
[root@localhost man]# cd   -                               //返回上次操作的目录
[root@localhost doc]# pwd                                  //查询当前路径
/usr/share/doc
```

在文件目录操作中，经常会遇到目录来回切换的情况。如果想切换到刚刚操作的目录，采用绝对路径或相对路径方式都需要输入目录的路径。遇到这种情况可以使用特殊符号“-”，例如要切换到之前操作的 /usr/share/doc 目录，可以直接执行命令“cd　-”，就可以完成目录的切换。

案例 4：从当前目录切换到 /usr/share 目录，实现代码与结果如下：

```
[root@localhost doc]# cd   ..                              //切换到上一级目录
```

```
[root@localhost share]# pwd                                //查询当前路径
/usr/share
```

在文件目录操作中，返回上一级目录也是经常遇到的情况。虽然利用绝对路径可以切换到上一级目录，但是目录路径比较长，有时容易输入错误。遇到这种情况可以使用特殊符号“..”，例如从目录/usr/share/doc 切换到/usr/share 目录，直接执行命令“cd　..”，就可以完成目录的切换。

3.6　查看目录(ls)

1. 命令作用

ls 命令用于显示指定目录下的子目录和文件。

2. 命令格式

ls 命令格式为“ls　[选项]　目录名”。

3. 命令选项

ls 命令选项及含义如表 3-8 所示。

表 3-8　ls 命令选项及含义

选项名称	选 项 含 义
-a	显示所有文件及目录 (包含隐藏文件)
-d	显示目录，但不显示文件
-l	将权限、拥有者、文件大小等信息详细列出
-r	将文件以相反次序显示(原定依英文字母次序)
-t	将文件依建立时间之先后次序列出
-A	同 -a ，但不列出“.”(目前目录)及“..”
-R	若目录下有文件，则以下之文件亦皆依序列出

4. 命令案例

案例 1：显示/root 目录下的文件及目录，实现代码与结果如下：

```
[root@localhost ~]# ls　/root                          //显示目录下内容
anaconda-ks.cfg          公共　视频　文档　音乐
initial-setup-ks.cfg     模板　图片　下载　桌面
```

使用 ls 命令，在不加任何选项情况下，可以查看指定目录下文件及目录的简要信息。执行命令“ls　/root”，可以看到/root 目录下的内容。

案例 2：显示/root 目录下的所有文件，含隐藏文件，实现代码与结果如下：

```
[root@localhost ~]# ls　-a　/root                      //显示目录下所有文件，包括隐藏文件
.                  .bash_profile　.dbus                .tcshrc　文档
```

```
..                 .bashrc        .esd_auth              公共  下载
anaconda-ks.cfg  .cache         .ICEauthority          模板  音乐
.bash_history    .config        initial-setup-ks.cfg   视频  桌面
.bash_logout     .cshrc         .local                 图片
```

使用 ls 命令时，加上 -a 选项，可以显示目录下包括隐藏文件在内的所有文件。执行命令“ls　-a　/root”，可以看到 /root 目录下所有的文件，其中以“.”开头的都是隐藏文件。

案例 3：显示 /root 目录下文件的详细信息，实现代码与结果如下：

```
[root@localhost ~]# ls  -l  /root                    //显示目录下文件的详细信息
总用量 8
-rw-------. 1 root root 1649 1 月  21 16:25 anaconda-ks.cfg
-rw-r--r--. 1 root root 1697 1 月  21 16:56initial-setup-ks.cfg
drwxr-xr-x. 2 root root    6   1 月  21 17:13 公共
drwxr-xr-x. 2 root root    6   1 月  21 17:13 模板
drwxr-xr-x. 2 root root    6   1 月  21 17:13 视频
drwxr-xr-x. 2 root root    6   1 月  21 17:13 图片
drwxr-xr-x. 2 root root    6   1 月  21 17:13 文档
drwxr-xr-x. 2 root root    6   1 月  21 17:13 下载
drwxr-xr-x. 2 root root    6   1 月  21 17:13 音乐
drwxr-xr-x. 2 root root    6   1 月  21 17:13 桌面
```

使用 ls 命令时，加上 -l 选项，可以查看指定目录下文件的权限、所有者、文件大小、创建时间等详细信息。执行命令“ls　-l　/root”，可以看到 /root 目录下文件的详细信息。在很多 Linux 发行版中，将“ll”设置为“ls　-l”的别名，所以执行命令“ll　/root”，也可以得到相同的结果。

案例 4：显示 /root 目录下“公共”目录的详细信息，实现代码与结果如下：

```
[root@localhost ~]# ls  -ld  公共                    //显示指定目录的详细信息
drwxr-xr-x. 2 root root   6   1 月  21   17:13   公共
```

使用 ls 命令时，同时加上 -l、-d 选项，可以查看指定目录的详细信息。当前目录是/root 目录，执行命令“ls　-ld 公共”，可以显示 /root 目录下“公共”目录的详细信息。

3.7　创建目录(mkdir)

1. 命令作用

mkdir 命令用来创建一个目录或者级联目录。

2. 命令格式

mkdir 命令的格式为“mkdir　[选项]　目录名”。

3. 命令选项

mkdir 命令选项及含义如表 3-9 所示。

表 3-9　mkdir 命令选项及含义

选项名称	选 项 含 义
-m	为目录指定访问权限，与 chmod 类似
-p	如果目录已经存在，则不会有错误提示。若父目录不存在，将会创建父目录。该选项常用于创建级联目录
-v	显示指令执行过程

4. 命令案例

案例 1：在/root 目录下，创建一个 test 目录，实现代码与结果如下：

```
[root@localhost ~]# mkdir  test                    //创建单个目录
[root@localhost ~]# ls                             //查看目录内容
anaconda-ks.cfg  initial-setup-ks.cfg  test  公共  模板  视频  图片  文档  下载  音乐  桌面
```

当仅仅创建单个目录时，不需要添加任何选项参数。当前目录是/root 目录，执行命令“mkdir　test”，可以在/root 目录下创建一个 test 目录，可以使用“ls”命令检查目录是否创建成功。

案例 2：在/root 目录下，创建 user1、user2、user3 三个目录，实现代码与结果如下：

```
[root@localhost ~]# mkdir  user{1, 2, 3}           //创建多个目录
[root@localhost ~]# ls                             //查看目录内容
anaconda-ks.cfg  initial-setup-ks.cfg  testuser1  user2  user3  公共  模板  视频  图片  文档  下载
音乐  桌面
```

当需要创建多个目录时，可以一次创建一个目录，分多条命令创建。如果在一条命令中，同时创建多个目录，需要将不同的目录名写入“{}”中，中间用“，”隔开。当前目录是 /root 目录，执行命令“mkdir　user{1, 2, 3}”，可以在 /root 目录下同时创建 user1、user2、user3 这三个目录，执行完成后，可以使用“ls”命令检查目录是否创建成功。

案例 3：在/root 目录下，创建一个权限为 777 的“临时目录”，实现代码与结果如下：

```
[root@localhost ~]# mkdir  -m  777  临时目录        //创建目录时，设置其权限
[root@localhost ~]# ls  -ld  临时目录               //查看目录详细信息
drwxrwxrwx. 2 root  root 6  1月   9  10:01 临时目录
```

使用 mkdir 命令时，加上 -m 选项，可以在创建目录时指定目录的权限。当前目录是 /root 目录，执行命令“mkdir　-m　777　临时目录”，可以在 /root 目录下创建一个权限为 777 的临时目录，目录详细信息中第一部分就是目录的权限信息，777 权限表示这个目录对所有人都可读可写可执行，关于权限的内容，将在任务 7 中作详细说明。

案例 4：在 /root 目录下，创建 example1、example2 两个目录，并显示创建过程信息，实现代码与结果如下：

```
[root@localhost ~]# mkdir  -v  example{1,2}        //创建目录时，显示创建过程
mkdir: 已创建目录 "example1"
mkdir: 已创建目录 "example2"
```

如果要查看目录是否创建完成，一般使用 ls 命令查看结果，也可以加上 -v 选项，用来显示创建过程。执行命令“mkdir　-v　example1 example2”，系统显示出“已创建目录 XX”的信息，表示这两个目录已经创建成功。

案例 5：在 /root 目录下，创建一个 father/child 目录，其中 father 和 child 都是新建的目录，实现代码与结果如下：

```
[root@localhost ~]# mkdir   -p   father/child                //创建多级目录
[root@localhost ~]# ls   /root/father                        //查看目录内容
child
```

在实际工作中，还会遇到需要创建多级目录的情况，可以分多命令创建，先创建父目录，再创建子目录，但如果目录的层级较多，这样操作起来会比较麻烦。此时可以加上 -p 选项，简化创建级联目录的过程，执行命令“mkdir　-p　father/child”，就是在当前目录下创建 father 目录的同时，创建其子目录 child。使用“ls　/root/father”命令，可以看到“child”目录已经创建成功。

3.8　删除目录(rmdir)

1. 命令作用

rmdir 命令用于删除目录，删除的目录必须为空目录或为多级空目录。

2. 命令格式

rmdir 命令的格式为“rmdir　[选项]　目录名”。

3. 命令选项

rmdir 命令选项及含义如表 3-10 所示。

表 3-10　rmdir 命令选项及含义

选项名称	选 项 含 义
-p	递归删除目录
-v	显示指令执行过程

4. 命令案例

案例 1：删除/root 目录下“临时目录”这个子目录，实现代码与结果如下：

```
[root@localhost ~]# rmdir   临时目录                                //删除单个目录
[root@localhost ~]# ls                                             //查看当前目录内容
anaconda-ks.cfg   initial-setup-ks.cfg   公共   模板   图片   下载   桌面
example1   example2   test   user1   user2   user3   father   视频   文档   音乐
```

在实际工作中，对于不需要的目录，为了节约系统空间，一般采用删除方式进行处理。当前目录是/root 目录，执行命令“rmdir　临时目录”，可以直接删除/root 目录下“临时目录”这个子目录，可以使用“ls”命令检查目录是否删除成功。

案例 2：删除/root 目录下 example1、example2、test、user1、user2、user3 这六个目录，实现代码与结果如下：

```
[root@localhost ~]# rmdir   {example1,example2,test,user1,user2,user3}      //删除多个目录
[root@localhost ~]# ls                                                       //查看当前目录内容
anaconda-ks.cfg   initial-setup-ks.cfg   公共   模板   图片
下载   桌面   father   视频   文档   音乐
```

对于多个目录的删除，可以采用一次删除一个目录，执行多条命令实现。如果在一条命令中，同时删除多个目录，需要将不同的目录名写入“{}”中，中间用“，”隔开。当前目录是/root 目录，执行命令“rmdir　{example1,example2,test,user1,user2,user3}”，可以同时删除/root 目录下 example1、example2、test、user1、user2、user3 六个目录，可以使用“ls”命令检查目录是否删除成功。

案例 3：删除 /father/child 目录，若 /child 目录为空，一并删除，实现代码与结果如下：

```
[root@localhost ~]# rmdir   -p   father/child                 //删除目录及子目录
[root@localhost ~]# ls   -d   father                          //查看目录内容
ls: 无法访问 father: 没有那个文件或目录
```

使用 rmdir 命令只能删除空目录或多级空目录，加上 -p 选项，可以删除多级目录。执行命令“rmdir　-p　father/child”，可以删除 father 目录及其子目录 child 目录；执行命令“ls　-d　father”，系统提示没有这个目录，表示目录已经被删除。那么如果一个目录下存放了文件，如何删除这个目录呢？这个问题，可以在下一个任务的 4.5 小节中找到答案。

【任务实施】

任务 3 的实施过程如表 3-11 所示。

表 3-11　任务 3 的实施过程

操作步骤	操 作 过 程	操 作 说 明
步骤一： 创建研发部目录。	[root@localhost ~]# mkdir　–p　/company/yf /yf_soft [root@localhost ~]# mkdir　/company/yf /yf_hard [root@localhost ~]#ls　/company/yf yf_hard　yf_soft	创建 yf 目录及 yf_soft 子目录 创建 yf_hard 子目录 查看创建结果
步骤二： 创建服务部目录。	[root@localhost ~]# mkdir　-p /company/fw/fw_after [root@localhost ~]# mkdir　/company/fw/fw_before [root@localhost ~]#ls　/company/fw fw_after　fw_before	创建 fw 目录及 fw_ after 子目录 创建 fw_ before 子目录 查看创建结果
步骤三： 创建市场部目录。	[root@localhost ~]# mkdir　-p　/company/sc/sc_east [root@localhost ~]# mkdir　/company/sc/sc_south [root@localhost ~]# mkdir　/company/sc/sc_west [root@localhost ~]# mkdir　/company/sc/sc_north [root@localhost ~]#ls　/company/sc sc_east　sc_north　sc_south　sc_west	创建 sc 目录及 sc_east 子目录 创建 sc_south 子目录 创建 sc_west 子目录 创建 sc_north 子目录 查看创建结果

【任务拓展】

某高校为了尽快适应市场的变化，对现有教学部门进行调整。将原来的机械工程学院和电气工程学院合并为物联网学院，将原来电子与通信工程学院分为电子工程学院和通信工程学院，新增幼儿教育学院。为此，在 Linux 系统为上述分院重新设置文件存放目录，方便每个分院的文件管理，所有二级学院目录均在/hcit 目录。每个二级学院目录及子目录情况如表 3-12 所示。

表 3-12 Linux 系统中各学院目录分配情况

二级学院名称	目录名称	子目录名称	备 注
物联网学院	wlw	wlw_jw wlw_xzh wlw_xg	新增
电子工程学院	dz	dz_jw dz_xzh dz_xg	新增
通信工程学院	tx	tx_jw tx_xzh tx_xg	新增
幼儿教育学院	yj	yj_jw yj_xzh yj_xg	新增
电子与通信工程学院	dztx	dztx_jw dztx_xzh dztx_xg	删除
机械工程学院	jx	jx_jw jx_xzh jx_xg	删除
电气工程学院	dq	dq_jw dq_xzh dq_xg	删除

任务 4 Linux 文件管理

【任务介绍】

M 公司管理员在完成相关各部门的目录设置后，根据企业要求，再为技术部、研发部和服务部三个部门创建相应的文件，并将原 js _DM 目录的文件移动到研发部，将原 js _WD 目录的文件移动到服务部，最后删除技术部目录。根据企业要求，每个部门文件分配情况如表 4-1 所示。

表 4-1　企业各部门文件分配情况

部门名称	目录名称	文件名称	备　注
研发部	/company/yf/yf_soft	soft1、soft2、soft3	新增
	/company/yf/yf_ hard	hard1、hard2、hard3	新增
服务部	/company/fw/fw_beforce	infor、price	新增
	/company/fw/fw_after	normal、vip	新增
市场部	/company/sc/sc_east	east	新增
	/company/sc/sc_south	south	新增
	/company/sc/sc_west	west	新增
	/company/sc/sc _ north	north	新增
技术部	/company/js/js_DM	所有文件	移动到/company/yf 目录
	/company/js/js_WD	所有文件	移动到/company/fw 目录
	/company/js/		删除

【任务分析】

要实现该企业目录文件的管理，可以分以下几个步骤：

步骤一：创建研发部文件。

步骤二：创建服务部文件。

步骤三：创建市场部文件。

步骤四：移动删除原技术部相关文件。

【必备知识】

完成本任务需要掌握的必备知识见 4.1～4.6 小节。

4.1　查看文件内容

在 Linux 系统中，用于查看文件内容的命令有很多，常用的命令有 cat、more、less、head、tail。

1. cat 命令

1) 命令作用

cat 命令用于显示文件内容，主要查看文本内容少的文件，可以显示不超过一页的内容。

2) 命令格式

cat 命令的格式为“cat　[选项]　文件名”。

3) 命令选项

cat 命令选项及含义如表 4-2 所示。

表 4-2 cat 命令选项及含义

选项名称	选 项 含 义
-n	对所有行进行编号
-b	与 -n 相似，但对于空白行不编号

4) 命令案例

案例 1：查看 /etc/passwd 文件内容，实现代码与结果如下：

```
[root@localhost ~]# cat  /etc/passwd                    //查看文件内容
root:x:0:0:root:/root:/bin/bash
bin:x:1:1:bin:/bin:/sbin/nologin
daemon:x:2:2:daemon:/sbin:/sbin/nologin
adm:x:3:4:adm:/var/adm:/sbin/nologin
lp:x:4:7:lp:/var/spool/lpd:/sbin/nologin
……(下面省略)……
```

cat 命令是最常用的文件内容查询命令，比较适合查看内容少的文件。执行命令“cat /etc/passwd”，可以看到 /etc/passwd 文件中的内容，如果文件内容比较多，只显示最后一页内容。

案例 2：查看 /etc/passwd 文件内容，显示行号，实现代码与结果如下：

```
[root@localhost ~]# cat  -n  /etc/passwd                //查看文件内容
     1  root:x:0:0:root:/root:/bin/bash
     2  bin:x:1:1:bin:/bin:/sbin/nologin
     3  daemon:x:2:2:daemon:/sbin:/sbin/nologin
     4  adm:x:3:4:adm:/var/adm:/sbin/nologin
     5  lp:x:4:7:lp:/var/spool/lpd:/sbin/nologin
……(下面省略)……
```

使用 cat 命令时，加上 -n 选项，可以对输出的所有行进行编号。执行命令“cat -n /etc/passwd”，可以看到 /etc/passwd 文件中的每一行前面都标有行号。

案例 3：将 /etc/passwd 文件中的内容，复制到当前目录下的 file1 文件中，实现代码与结果如下：

```
[root@localhost ~]# cat  /etc/passwd  >  file1          //创建单个文件
[root@localhost ~]# cat  file1                          //查看文件内容
root:x:0:0:root:/root:/bin/bash
bin:x:1:1:bin:/bin:/sbin/nologin
daemon:x:2:2:daemon:/sbin:/sbin/nologin
adm:x:3:4:adm:/var/adm:/sbin/nologin
lp:x:4:7:lp:/var/spool/lpd:/sbin/nologin
……(下面省略)……
```

使用 cat 命令和“>”符号，可将一个文件的内容导入到另一个文件中。执行命令“cat

/etc/passwd > file1”，可以将 /etc/passwd 内容导入到 file1 文件中。

案例 4：显示 /etc/passwd 文件中与“root”有关的内容，实现代码与结果如下：

```
[root@localhost ~]# cat /etc/passwd | grep root        //查看文件中包含指定字符串的内容
root:x:0:0:root:/root:/bin/bash
operator:x:11:0:operator:/root:/sbin/nologin
```

使用 cat 和 grep 命令，可以实现文件内容的过滤，执行命令“cat /etc/passwd | grep root”，可以只显示 /etc/passwd 文件中包含“root”这个字符的行。

2. more 命令

1) 命令作用

more 命令用于分页显示文本文件的内容，可以逐页阅读文件中的内容。

2) 命令格式

more 命令的格式为“more [选项] 文件名”。

3) 命令选项

more 命令选项及含义如表 4-3 所示。

表 4-3 more 命令选项及含义

选项名称	选 项 含 义
-n	定义一次显示的行数
+n	从第 n 行开始显示
+/字符串	搜寻该字串，从该字串前两行之后开始显示
-c	从顶部清屏，然后显示
-u	把文件内容中的下划线去掉

4) 交互命令

执行 more 命令会进入一个交互界面，其中常用的交互命令及功能如表 4-4 所示。

表 4-4 more 交互命令及功能

交互命令	功 能
回车键	向下移动一行
空格键	向下移动一页
b	向上移动一页
:f	显示当前文件的文件名和行号
q	退出 more

5) 命令案例

案例 1：查看 /etc/passwd 文件内容，每次显示 5 行，实现代码与结果如下：

```
[root@localhost ~]# more -5 /etc/passwd        //指定每次显示文件内容的行数
root:x:0:0:root:/root:/bin/bash
```

```
bin:x:1:1:bin:/bin:/sbin/nologin
daemon:x:2:2:daemon:/sbin:/sbin/nologin
adm:x:3:4:adm:/var/adm:/sbin/nologin
lp:x:4:7:lp:/var/spool/lpd:/sbin/nologin
```

使用 more 命令时，加上 -n 选项，这里 n 是具体的数值，可以指定每次显示文件内容的行数。执行命令“more -5 /etc/passwd”，可以每次 5 行显示 /etc/passwd 文件中的内容，使用空格键可以向下翻页继续查看。

案例 2：从第 10 行开始显示/etc/passwd 文件内容，实现代码与结果如下：

```
[root@localhost ~]# more +10 /etc/passwd                //指定开始行显示文件内容
operator:x:11:0:operator:/root:/sbin/nologin
games:x:12:100:games:/usr/games:/sbin/nologin
ftp:x:14:50:FTP User:/var/ftp:/sbin/nologin
nobody:x:99:99:Nobody:/:/sbin/nologin
systemd-network:x:192:192:systemd Network Management:/:/sbin/nologin
dbus:x:81:81:System message bus:/:/sbin/nologin
polkitd:x:999:998:User for polkitd:/:/sbin/nologin
……(下面省略)……
```

使用 more 命令时，加上 +n 选项，这里 n 是具体的数值，可以指定从第 n 行开始显示文件内容的行数。执行命令“more +10 /etc/passwd”，可以从第 10 行开始显示 /etc/passwd 文件内容。

3. less 命令

1) 命令作用

less 命令是 more 命令的改进版，比 more 命令的功能更强大。不仅可以翻页查看文件的内容，还可以在文件中搜索字符。

2) 命令格式

less 命令的格式为“less [选项] 文件名”。

3) 命令选项

less 命令选项及含义如表 4-5 所示。

表 4-5 less 命令选项及含义

选项名称	选 项 含 义
-N	显示行号
+n	从第 n 行开始显示
-g	只标志最后搜索到的关键词
-i	忽略搜索时的大小写
-m	显示类似 more 命令的百分比

4) 交互命令

执行 less 命令会进入一个交互界面，其中常用的交互命令及功能如表 4-6 所示。

表 4-6 less 交互命令及功能

交互命令	功 能
回车键	向下移动一行
空格键	向下移动一页
pagedown	向下移动一页
y	向上移动一行
b	向上移动一页
pageup	向上移动一页
/字符串	向下搜索“字符串”的功能
？字符串	向上搜索“字符串”的功能
n	搜索字符串时，重复前一个搜索
N	搜索字符串时，反向重复前一个搜索
q	退出 less 命令

5) 命令案例

案例 1：查看 /etc/passwd 文件内容，并显示行号，实现代码与结果如下：

```
[root@localhost ~]# less  -N  /etc/passwd                    //查看文件内容，显示行号
      1 root:x:0:0:root:/root:/bin/bash
      2 bin:x:1:1:bin:/bin:/sbin/nologin
      3 daemon:x:2:2:daemon:/sbin:/sbin/nologin
      4 adm:x:3:4:adm:/var/adm:/sbin/nologin
      5 lp:x:4:7:lp:/var/spool/lpd:/sbin/nologin
……(下面省略)……
```

使用 less 命令时，加上 -N 选项，可以对输出的所有行进行编号。执行命令“less -N /etc/passwd”，可以看到 /etc/passwd 文件中的每一行前面都标有行号。

案例 2：从第 10 行查看 /etc/passwd 文件内容，并显示行号，实现代码与结果如下：

```
[root@localhost ~]# less  -N  +10  /etc/passwd               //指定开始行显示文件内容
     10 operator:x:11:0:operator:/root:/sbin/nologin
     11 games:x:12:100:games:/usr/games:/sbin/nologin
     12 ftp:x:14:50:FTP User:/var/ftp:/sbin/nologin
     13 nobody:x:99:99:Nobody:/:/sbin/nologin
……(下面省略)……
```

使用 less 命令时，加上 +n 选项，这里 n 是具体的数值，可以指定从第 n 行开始显示文件内容的行数。执行命令“less -N +10 /etc/passwd”，可以从第 10 行开始显示

/etc/passwd 文件内容。

案例 3：查看 /etc/passwd 文件中包含 ftp 字符的内容，实现代码与结果如下：

```
[root@localhost ~]# less  /etc/passwd                    //查看文件内容
……(前面省略)……
operator:x:11:0:operator:/root:/sbin/nologin
games:x:12:100:games:/usr/games:/sbin/nologin
ftp:x:14:50:FTP User:/var/ftp:/sbin/nologin
nobody:x:99:99:Nobody:/:/sbin/nologin
systemd-network:x:192:192:systemd Network Management:/:/sbin/nologin
……(下面省略)……
/ftp                                                     //搜索字符串
```

执行命令“less /etc/passwd ”，查看 /etc/passwd 文件内容，然后输入“/ftp”，此时 /etc/passwd 文件中包含“ftp”字符的内容会高亮显示出来，使用 n 和 N 键，可以前后查找多个匹配的字符串。

案例 4：查看 /etc/passwd 和/etc/group 文件的内容，实现代码与结果如下：

```
[root@localhost ~]# less  /etc/passwd   /etc/group
root:x:0:0:root:/root:/bin/bash
bin:x:1:1:bin:/bin:/sbin/nologin
daemon:x:2:2:daemon:/sbin:/sbin/nologin
adm:x:3:4:adm:/var/adm:/sbin/nologin
lp:x:4:7:lp:/var/spool/lpd:/sbin/nologin
sync:x:5:0:sync:/sbin:/bin/sync
……(下面省略)……
: n                                          //输入“: n”，显示后一个文件内容
root:x:0:
bin:x:1:
daemon:x:2:
sys:x:3:
……(下面省略)……
: p                                          //输入“: p”，显示前一个文件内容
root:x:0:0:root:/root:/bin/bash
bin:x:1:1:bin:/bin:/sbin/nologin
daemon:x:2:2:daemon:/sbin:/sbin/nologin
adm:x:3:4:adm:/var/adm:/sbin/nologin
lp:x:4:7:lp:/var/spool/lpd:/sbin/nologin
sync:x:5:0:sync:/sbin:/bin/sync
……(下面省略)……
```

使用 less 命令可以查看多个文件内容，不同文件之间用空格隔开，默认显示的是第一个文件中的内容。输入“：n”，可以显示后一个文件 /etc/group 中的内容，再输入“：p”，可以显示前一个文件 /etc/passwd 中的内容。

4. head 命令

1) 命令作用

head 命令用于显示文件的开头内容。在默认情况下，显示前 10 行内容。

2) 命令格式

head 命令的格式为“head　[选项]　文件名”。

3) 命令选项

head 命令选项及含义如表 4-7 所示。

表 4-7　head 命令选项及含义

选项名称	选 项 含 义
-n	指定显示的行号
-c	指定显示的字节数

4) 命令案例

案例 1：查看 /etc/passwd 文件前 10 行内容，实现代码与结果如下：

```
[root@localhost ~]# head  /etc/passwd                    //查看文件前 10 行内容
root:x:0:0:root:/root:/bin/bash
bin:x:1:1:bin:/bin:/sbin/nologin
daemon:x:2:2:daemon:/sbin:/sbin/nologin
adm:x:3:4:adm:/var/adm:/sbin/nologin
lp:x:4:7:lp:/var/spool/lpd:/sbin/nologin
sync:x:5:0:sync:/sbin:/bin/sync
shutdown:x:6:0:shutdown:/sbin:/sbin/shutdown
halt:x:7:0:halt:/sbin:/sbin/halt
mail:x:8:12:mail:/var/spool/mail:/sbin/nologin
operator:x:11:0:operator:/root:/sbin/nologin
```

使用 head 命令，不添加任何选项，默认显示文件前 10 行的内容。执行命令“head /etc/passwd”，可以查看 /etc/passwd 中前 10 行的内容。

案例 2：查看 /etc/passwd 文件前 5 行内容，实现代码与结果如下：

```
[root@localhost ~]# head  -n  5  /etc/passwd              //查看文件指定行内容
root:x:0:0:root:/root:/bin/bash
bin:x:1:1:bin:/bin:/sbin/nologin
daemon:x:2:2:daemon:/sbin:/sbin/nologin
adm:x:3:4:adm:/var/adm:/sbin/nologin
lp:x:4:7:lp:/var/spool/lpd:/sbin/nologin
```

使用 head 命令时，加上 -n 选项，如果后面的行数为正数，可以指定显示文件的前多少行。执行命令“head　-n　5　/etc/passwd”，可以显示 /etc/passwd 文件中前 5 行内容。

案例 3：查看 /etc/passwd 文件除最后 40 行以外的内容，实现代码与结果如下：

```
[root@localhost ~]# head   -n   -40   /etc/passwd                //查看文件指定行内容
root:x:0:0:root:/root:/bin/bash
bin:x:1:1:bin:/bin:/sbin/nologin
daemon:x:2:2:daemon:/sbin:/sbin/nologin
```

使用 head 命令时，加上 -n 选项，如果后面的行数为负数，就是不显示后多少行内容。执行命令“head　-n　-40　/etc/passwd”，文件中一共 43 行，命令中不显示最后 40 行，也就是只显示 /etc/passwd 文件中前 3 行内容。

案例 4：查看 /etc/passwd 文件前 10 个字节的内容，实现代码与结果如下：

```
[root@localhost ~]# head   -c   10   /etc/passwd
root:x:0:0
```

使用 head 命令时，加上 -c 选项，可以指定显示文件的前多少个字节。执行命令“head　-c　10　/etc/passwd”，可以显示 /etc/passwd 文件中前 10 个字节内容，这里每个字母、数字、标点符号都算一个字节。

案例 5：同时查看 /etc/passwd 和 /etc/group 文件前 3 行的内容，实现代码与结果如下：

```
[root@localhost ~]# head   -n   3   /etc/passwd   /etc/group        //查看多个文件内容
==> /etc/passwd <==
root:x:0:0:root:/root:/bin/bash
bin:x:1:1:bin:/bin:/sbin/nologin
daemon:x:2:2:daemon:/sbin:/sbin/nologin

==> /etc/group <==
root:x:0:
bin:x:1:
daemon:x:2:
```

使用 head 命令，还可以同时打开多个文件，文件名之间用空格隔开。执行命令“head　-n　3　/etc/passwd　/etc/group”，可以同时显示 /etc/passwd 和/etc/group 文件前 3 行的内容。

5. tail 命令

1) 命令作用

tail 命令用于显示文件尾部的内容。在默认情况下，显示后 10 行内容。

2) 命令格式

tail 命令的格式为“tail　[选项]　文件名”。

3) 命令选项

tail 命令选项及含义如表 4-8 所示。

表 4-8　tail 命令选项及含义

选项名称	选 项 含 义
-n	显示文件的尾部 n 行内容
-c	显示文件的尾部 n 字节内容

4) 命令案例

案例 1：查看 /etc/passwd 文件后 10 行内容，实现代码与结果如下：

```
[root@localhost ~]#tail　/etc/passwd                                  //查看文件尾部内容
setroubleshoot:x:991:985::/var/lib/setroubleshoot:/sbin/nologin
saned:x:990:984:SANE scanner daemon user:/usr/share/sane:/sbin/nologin
gdm:x:42:42::/var/lib/gdm:/sbin/nologin
gnome-initial-setup:x:989:983::/run/gnome-initial-setup/:/sbin/nologin
sshd:x:74:74:Privilege-separated SSH:/var/empty/sshd:/sbin/nologin
avahi:x:70:70:Avahi mDNS/DNS-SD Stack:/var/run/avahi-daemon:/sbin/nologin
postfix:x:89:89::/var/spool/postfix:/sbin/nologin
ntp:x:38:38::/etc/ntp:/sbin/nologin
tcpdump:x:72:72::/:/sbin/nologin
admin:x:1000:1000:admin:/home/admin:/bin/bash
```

使用 tail 命令时，不添加任何选项，默认显示文件最后 10 行的内容。执行命令“tail /etc/passwd”，可以查看 /etc/passwd 中最后 10 行的内容。

案例 2：查看 /etc/passwd 文件后 5 行内容，实现代码与结果如下：

```
[root@localhost ~]#tail　-n　5　/etc/passwd                           //查看文件尾部内容
avahi:x:70:70:Avahi mDNS/DNS-SD Stack:/var/run/avahi-daemon:/sbin/nologin
postfix:x:89:89::/var/spool/postfix:/sbin/nologin
ntp:x:38:38::/etc/ntp:/sbin/nologin
tcpdump:x:72:72::/:/sbin/nologin
admin:x:1000:1000:admin:/home/admin:/bin/bash
```

使用 tail 命令时，加上 -n 选项，可以指定显示文件的最后多少行。执行命令“tail　-n　5　/etc/passwd”，可以显示 /etc/passwd 文件中最后 5 行内容。

案例 3：查看 /etc/passwd 文件后 10 个字节的内容，实现代码与结果如下：

```
[root@localhost ~]# tail　-c　10　/etc/passwd                         //查看文件内容
/bin/bash
```

使用 tail 命令时，加上 -c 选项，可以指定显示文件的最后多少个字节。执行命令“tail　-c　10　/etc/passwd”，可以显示 /etc/passwd 文件中最后 10 个字节内容。

4.2　创建文件(touch)

1. 命令作用

touch 命令主要用来修改文件时间戳，或者新建一个不存在的文件。

2. 命令格式

touch 命令的格式为“touch　[选项]　目录名/文件名”。

3. 命令选项

touch 命令选项及含义如表 4-9 所示。

表 4-9　touch 命令选项及含义

选项名称	选 项 含 义
-a	只更改存取时间
-c	不建立任何文档
-c	不建立任何文档
-m	只更改变动时间
-r	将文件的访问时间设置为和参考文档相同
-t	设定文件的访问时间

4. 命令案例

案例 1：在 /root 目录下，创建一个 1.txt 文件，实现代码与结果如下：

```
[root@localhost ~]# touch    1.txt                                  //创建单个文件
[root@localhost ~]# ll                                              //查看目录文件
-rw-r--r--. 1 root root        01 月      27 14:38 1.txt
-rw-------. 1 root root 1649   1 月       21 16:25 anaconda-ks.cfg
-rw-r--r--. 1 root root1697    1 月       21 16:56initial-setup-ks.cfg
……(下面省略)……
```

在日常工作中，经常需要创建新文件。在 Linux 系统中，既可以一次创建一个文件，也可以一次创建多个文件。执行命令“touch　1.txt”，可以在/root 目录创建一个名为 1.txt 的文件，可以使用“ll”命令检查文件是否创建成功。

案例 2：在 /root 目录下再创建 4 个文件，文件名分别为 2.txt、3.txt、4.txt、5.txt，实现代码与结果如下：

```
[root@localhost ~]# touch   {2,3,4,5}.txt                          //创建多个文件
[root@localhost ~]# ll                                              //查看目录文件
-rw-r--r--. 1 root root   0     1 月  27 14:38    1.txt
-rw-r--r--. 1 root root   0     1 月  27 14:41    2.txt
-rw-r--r--. 1 root root   0     1 月  27 14:41    3.txt
-rw-r--r--. 1 root root   0     1 月  27 14:41    4.txt
-rw-r--r--. 1 root root   0     1 月  27 14:41    5.txt
-rw-------. 1 root root      1649 1 月  21 16:25    anaconda-ks.cfg
-rw-r--r--. 1 root root      1697 1 月  21 16:56    initial-setup-ks.cfg
……(下面省略)……
```

当需要创建多个文件时，可以一次创建一个文件，分多条命令创建。如果在一条命令

中，同时创建多个目录，需要将不同的文件名写入“{}”中，中间用“，”隔开。当前目录是 /root 目录，执行命令“touch　{2,3,4,5}.txt”，可以在 /root 目录下同时创建 4 个文件，使用“ll”命令可以检查文件是否创建成功。

案例 3：将 1.txt 文件的访问时间修改为和 2.txt 文件的时间相同，实现代码与结果如下：

```
[root@localhost ~]# touch  -r  2.txt  1.txt                 //修改文件访问时间
[root@localhost ~]# ll                                      //查看目录文件
-rw-r—r--. 1  root  root  0  1月  27  14:41  1.txt
-rw-r—r--. 1  root  root  0  1月  27  14:41  2.txt
……(下面省略)……
```

使用 touch 命令时，加上 -r 选项，可以将文件的访问时间修改为和参考文件相同。执行命令“touch　-r　2.txt　1.txt”，可以将“1.txt”文件的访问时间修改为和“2.txt”文件的访问时间相同，使用“ll”命令可以看到“1.txt”文件的访问时间已修改完成。

案例 4：将 1.txt 文件的访问时间修改为 2020 年 1 月 25 日 20 时 10 分，实现代码与结果如下：

```
[root@localhost ~]# touch  -t  202001252010  1.txt          //修改文件访问时间
[root@localhost ~]# ll                                      //查看目录文件
-rw-r—r--. 1  root  root  0  1月  25  20:10  1.txt
……(下面省略)……
```

使用 touch 命令时，加上 -t 选项，可以修改文件的访问时间，其他文件属性不变。执行命令“touch　-t　202001252010　1.txt”，可以将“1.txt”文件的访问时间修改为 2020 年 1 月 25 日 20 时 10 分，使用“ll”命令可以看到“1.txt”文件的访问时间已修改完成。

4.3　复制文件(cp)

1. 命令作用

cp 命令主要用来复制文件或者目录，还可以复制整个目录。

2. 命令格式

cp 命令的格式为“cp　[选项]　源目录名/源文件名　目的目录名/目的文件名”。

3. 命令选项

cp 命令选项及含义如表 4-10 所示。

表 4-10　cp 命令选项及含义

选项名称	选 项 含 义
-a	用于复制目录，保留链接、文件属性，并复制目录下的所有内容
-d	复制时保留链接
-f	覆盖已经存在的目标文件时不给出提示
-i	覆盖已经存在的目标文件时给出提示

续表

选项名称	选 项 含 义
-l	不复制文件，只生成链接文件
-p	除复制文件的内容外，还把修改时间和访问权限也复制到新文件中
-r	复制该目录下所有的子目录和文件

4. 命令案例

案例 1：将 /root 目录下 1.txt 文件复制到/mnt 目录下，实现代码与结果如下：

```
[root@localhost ~]# cp    1.txt    /mnt                              //复制文件
[root@localhost ~]# ll    /mnt                                       //查看 /mnt 目录下文件
-rw-r--r--. 1   0   root   0   1月   27   14:45   1.txt
[root@localhost ~]# ll                                               //查看 /root 目录下文件
-rw-r--r--. 1   root   root   0   1月   25   20:10   1.txt
……(下面省略)……
```

使用 cp 命令，可以将文件从一个目录复制到另一个目录。执行命令“cp　1.text　/mnt”，可以将 /root 目录下 1.txt 文件复制到/mnt 目录下，此时在 /root 目录和 /mnt 目录下各有一个 1.txt 文件，但这两个文件的访问时间已经发生变化。/mnt 目录下 1.txt 文件的访问时间是使用 cp 命令复制时的时间。

案例 2：将 /root 目录下 2.txt 文件复制到 /mnt 目录下，要求除复制文件的内容外，还把修改时间和访问权限也复制到新文件中，实现代码与结果如下：

```
[root@localhost ~]# cp    -p    2.txt    /mnt                        //复制文件
[root@localhost ~]# ll    /mnt                                       //查看 /mnt 目录下文件
-rw-r--r--. 1   root   root   0   1月   27   14:41   2.txt
……(下面省略)……
[root@localhost ~]# ll                                               //查看 /root 目录下文件
-rw-r--r--. 1   root   root   0   1月   27   14:41   2.txt
……(下面省略)……
```

使用 cp 命令时，加上 -p 选项，除了复制文件的内容外，还把修改时间和访问权限也复制到新文件中。执行命令“cp　-p　2.txt　/mnt”，可以将 2.txt 文件复制到 /mnt 目录下。此时在 /root 目录和 /mnt 目录下各有一个 2.txt 文件，而且两个文件的访问时间和访问权限都是一致的。

案例 3：将 /etc/passwd 文件复制到 /mnt/ 目录下，并重命名为 newpasswd，实现代码与结果如下：

```
[root@localhost ~]# cp    /etc/passwd    /mnt/newpasswd              //修改文件并命名
[root@localhost ~]# cat    /mnt/newpasswd                            //查看文件内容
root:x:0:0:root:/root:/bin/bash
```

```
bin:x:1:1:bin:/bin:/sbin/nologin
……(下面省略)……
[root@localhost ~]# cat   /etc/passwd                    //查看文件内容
root:x:0:0:root:/root:/bin/bash
bin:x:1:1:bin:/bin:/sbin/nologin
……(下面省略)……
```

使用 cp 命令时，在复制文件的同时还可以给文件重新命名。执行命令“cp　/etc/passwd　/mnt/newpasswd”，可以将 /etc/passwd 文件复制到 /test/ 目录下，并重命名为 newpasswd。使用 cat 命令，可以看到两个文件中的内容是相同的。

案例 4：备份 /etc 目录下所有内容到 /mnt 目录，实现代码与结果如下：

```
[root@localhost ~]# cp   -r   /etc/*   /mnt              //复制目录下所有内容
[root@localhost ~]# ll   /mnt                            //查看目录文件
总用量 1376
-rw-r--r--.   1   root   root   0     1 月   2714:45    1.text
-rw-r--r--.   1   root   root   0     1 月   27 14:41   2.txt
drwxr-xr-x.   3   root   root   101   1 月   27 14:56   abrt
-rw-r--r--.   1   root   root   16    1 月   27 14:56   adjtime
……(下面省略)……
```

使用 cp 命令时，加上 -r 选项，可以复制目录下所有的子目录和文件。执行命令“cp　-r　/etc/*　/mnt”，可以将 /etc 目录下所有内容复制到 /mnt 目录，使用“ll”命令可以查看到 /mnt 目录下的内容。

4.4　移动文件(mv)

1. 命令作用

mv 命令可以用来移动文件或者目录，同时，也可以修改文件名。

2. 命令格式

mv 命令的格式为“mv　[选项]　源目录名/源文件名　目的目录名/目的文件名”。

3. 命令选项

mv 命令选项及含义如表 4-11 所示。

表 4-11　mv 命令选项及含义

选项名称	选 项 含 义
-b	若需覆盖文件，则覆盖前先行备份
-f	若目标文件已经存在，直接覆盖
-i	若目标文件已经存在，询问是否覆盖

4. 命令案例

案例 1：新建一个目录 /dir，将 /root 目录下的 1.txt 文件移动到目录 /dir，实现代码与结果如下：

```
[root@localhost ~]# mkdir  /dir                                      //创建目录
[root@localhost ~]# mv  1.txt  /dir                                  //移动文件
[root@localhost ~]# ll  /dir                                         //查看目录下文件
总用量 0
-rw-r--r--. 1 0 root0    1 月  25 20:101.txt
```

使用 mv 命令，可以将一个文件移动到其他目录。执行命令“mv 1.txt /dir”，可以将 1.txt 移动到 /dir 目录，使用“ll”命令可以查看操作结果。

案例 2：将 /dir 目录下 1.txt 文件名修改为 file1，实现代码与结果如下：

```
[root@localhost ~]# mv  /dir/1.txt  /dir/file1                      //修改文件名
[root@localhost ~]# ll  /dir                                         //查看目录下文件
总用量 0
-rw-r--r--. 1  0  root  0  1 月  25  20:10  file1
```

使用 mv 命令，还可以修改文件名。执行命令“mv /dir/1.txt /dir/file1”，可以将 /dir 目录下 1.txt 文件名修改为 file1，使用“ll”命令可以查看操作结果。

案例 3：将 /dir 目录移动到 /mnt 目录下，实现代码与结果如下：

```
[root@localhost ~]# mv  /dir  /mnt                                   //移动目录
[root@localhost ~]# ll  /dir                                         //查看目录
ls: 无法访问/dir: 没有那个文件或目录
[root@localhost ~]# ll  /mnt                                         //查看目录
总用量 1376
drwxr-xr-x.  2  root  root  19  1 月  27  15:17  dir
……(下面省略)……
```

使用 mv 命令，还可以移动目录，执行命令“mv /dir /mnt”，可以将 /dir 目录移动到 /mnt 目录下，使用“ll”命令可以看到 /dir 目录已经不存在了，已经被移动到 /mnt 目录下。

如果在移动文件或目录过程中出现文件名重名，系统会询问是否覆盖，输入“y”表示覆盖，输入“n”表示不覆盖。

4.5 删除文件(rm)

1. 命令作用

rm 命令主要用来删除一个文件或者目录。

2. 命令格式

rm 命令的格式为“rm [选项] 目录名/文件名”。

3. 命令选项

rm 命令选项及含义如表 4-12 所示。

表 4-12　rm 命令选项及含义

选项名称	选 项 含 义
-f	不提示，强制删除文件或目录
-i	删除已有文件或目录之前先询问用户
-r	递归删除，将指定目录下的所有文件与子目录一并删除

4. 命令案例

案例 1：删除 /mnt/1.txt 文件，实现代码与结果如下：

```
[root@localhost ~]# rm   /mnt/1.txt                    //删除文件
rm：是否删除普通空文件 "/mnt/1.txt"？y
```

在实际工作中，对于不需要的文件，为了节约系统空间，一般采用删除方式进行处理。执行命令“rm　/mnt/1.txt”，系统会询问是否删除，这里输入“y”即可完成删除。

案例 2：强制删除 /mnt/2.txt 文件，实现代码与结果如下：

```
[root@localhost ~]# rm   -f   /mnt/2.txt               //强制删除文件
```

使用 mv 命令删除文件时，如果确定要删除，可以增加 -f 选项。执行命令“rm　-f　/mnt/2.txt”，系统无询问提示，直接删除 2.txt 这个文件。

案例 3：强制删除 /mnt/dir 目录及其中所有内容，实现代码与结果如下：

```
[root@localhost ~]# rm   -rf   /mnt/dir                //强制删除目录
[root@localhost ~]# ll   /mnt/dir                      //查看目录
ls: 无法访问/mnt/dir: 没有那个文件或目录
```

使用 rm 命令时，加上 -r 选项，可以删除目录及目录下所有内容，也就是删除一个非空目录。执行命令“rm　-rf　/mnt/dir”，系统会直接删除 /mnt/dir 这个目录；执行命令“ll　/mnt/dir”，可以看到系统中已经没有 /mnt/dir 这个目录了。

4.6　查找文件(find)

1. 命令作用

find 命令不仅可以按照文件名搜索文件，还可以按照权限、大小、时间等信息来搜索文件。

2. 命令格式

find 命令的格式为“find　查找路径　[选项]”。

3. 命令选项

find 命令选项及含义如表 4-13 所示。

表 4-13　find 命令选项及含义

选项名称	选 项 含 义
-name	按照文件名进行查找，区分大小写
-iname	按照文件名进行查找，不区分大小写
-type	按照指定文件类型进行查询
-size	按照文件大小进行文件查询
-user	按照文件所有者进行文件查询
-group	按照文件所属组进行文件查询

4. 命令案例

案例 1：查找 /etc 目录下以 geo 开头的文件，实现代码与结果如下：

```
[root@localhost ~]# find    /etc    -name    geo*                    //按照文件名查找文件
/etc/selinux/targeted/active/modules/100/geoclue
/etc/geoclue
/etc/geoclue/geoclue.conf
```

在实际工作中，经常会遇到查询文件的情况。在 Linux 系统中，最常用的文件查找命令是 find 命令。如果按照文件名查找，可以加上“-name”选项。执行命令“find　/etc　-name　geo*”，可以在 /etc 目录下查找以 geo 开头的文件，但这里只显示完全匹配 geo 开头的文件。

案例 2：查找 /etc 目录下以 geo 开头的所有文件，不区分大小写，实现代码与结果如下：

```
[root@localhost ~]# find    /etc    -iname    geo*                   //按照文件名查找文件
/etc/selinux/targeted/active/modules/100/geoclue
/etc/GeoIP.conf
/etc/GeoIP.conf.default
/etc/geoclue
/etc/geoclue/geoclue.conf
```

使用 find 命令时，如果在文件查找时，不区分大小写，可以加上“-iname”选项。执行命令“find　/etc　-iname　geo*”，可以在 /etc 目录下查找以 geo 开头的所有文件，不区分 geo 的大小写。

案例 3：查找 /etc 目录下后缀为.conf.d 的目录，实现代码与结果如下：

```
[root@localhost ~]# find    /etc    -type    d    -name    *.conf.d        //按照目录名查找目录
/etc/X11/xorg.conf.d
/etc/prelink.conf.d
/etc/dracut.conf.d
/etc/ld.so.conf.d
/etc/krb5.conf.d
/etc/polkit-1/localauthority.conf.d
/etc/oddjobd.conf.d
```

使用 find 命令时，如果按照文件类型进行查找，可以加上“-type”选项。命令“find /etc -type d -name *.conf.d”，其中的“d”为参数，表示文件类型为目录。执行命令后，可以在 /etc 目录下查找后缀为 .conf.d 的所有目录。

案例 4：查找 /etc/cups 目录下后缀为 .conf 的文件，实现代码与结果如下：

```
[root@localhost ~]# find  /etc/cups  -type  f  -name  *.conf   //按照后缀查找文件
/etc/cups/cups-browsed.conf
/etc/cups/classes.conf
/etc/cups/client.conf
/etc/cups/cups-files.conf
/etc/cups/cupsd.conf
/etc/cups/printers.conf
/etc/cups/snmp.conf
/etc/cups/subscriptions.conf
```

执行命令“find /etc/cups -type f -name *.conf”，可以在 /etc/cups 目录下查找后缀为 .conf 的所有文件，其中“f”表示类型为文件。

案例 5：查找 /etc 目录下大于 1M 的文件，实现代码与结果如下：

```
[root@localhost ~]# find  /etc  -size  +1M                //按照文件大小查找
/etc/selinux/targeted/active/policy.kern
/etc/selinux/targeted/contexts/files/file_contexts.bin
/etc/selinux/targeted/policy/policy.31
/etc/udev/hwdb.bin
/etc/brltty/zh-tw.ctb
```

使用 find 命令时，如果按照文件的大小进行查找，可以加上“-size”选项。命令“find /etc -size +1M”，其中的“+1M”参数，表示文件大小大于 1M。执行命令后，可以在 /etc 目录下查找大于 1M 的所有文件。

案例 6：查找 /etc/yum 目录下所有者为 root 的文件和目录，实现代码与结果如下：

```
[root@localhost ~]# find  /etc/yum  -user  root           //按照文件所有者查找
/etc/yum
/etc/yum/vars
/etc/yum/vars/infra
/etc/yum/vars/contentdir
/etc/yum/pluginconf.d
/etc/yum/pluginconf.d/fastestmirror.conf
/etc/yum/pluginconf.d/langpacks.conf
/etc/yum/fssnap.d
/etc/yum/protected.d
/etc/yum/protected.d/systemd.conf
/etc/yum/version-groups.conf
```

使用 find 命令时，如果按照文件的所属用户进行查找，可以加上“-user”选项。命令“find /etc/yum -user root”，可以在 /etc/yum 目录下查找到所有者为 root 用户的文件和目录。

【任务实施】

任务 4 的实施过程如表 4-14 所示。

表 4-14 任务 4 的实施过程

操作步骤	操作过程	操作说明
步骤一： 创建研发部文件	[root@localhost ~]# touch /company/yf/yf_soft/soft1 [root@localhost ~]# touch /company/yf/yf_soft/soft2 [root@localhost ~]# touch /company/yf/yf_soft/soft3 [root@localhost company]# ls /company/yf/yf_soft soft1 soft2 soft3 [root@localhost ~]# touch /company/yf/yf_hard/hard{1,2,3} [root@localhost ~]# ls /company/yf/yf_hard hard1 hard2 hard3	创建 soft1 文件 创建 soft2 文件 创建 soft3 文件 查看创建结果 创建 hard1、hard2 和 hard3 三个文件 查看创建结果
步骤二： 创建服务部文件。	[root@localhost ~]# touch /company/fw/fw_before/infor [root@localhost ~]# touch /company/fw/fw_before/price [root@localhost ~]# ls /company/fw/fw_before infor price [root@localhost ~]# touch /company/fw/fw_after/normal [root@localhost ~]# touch /company/fw/fw_after/vip [root@localhost ~]# ls /company/fw/fw_after normal vip	创建 infor 文件 创建 price 文件 查看创建结果 创建 normal 文件 创建 vip 文件 查看创建结果
步骤三： 创建市场部文件。	[root@localhost ~]# touch /company/sc/sc_east/east [root@localhost ~]# touch /company/sc/sc_west/west [root@localhost ~]# touch /company/sc/sc_south/south [root@localhost ~]# touch /company/sc/sc_north/north [root@localhost ~]#ls -R /company/sc /company/sc: sc_east sc_north sc_south sc_west /company/sc/sc_east: east /company/sc/sc_north: north /company/sc/sc_south: south /company/sc/sc_west: west	创建 east 文件 创建 west 文件 创建 south 文件 创建 north 文件 查看创建结果

续表

操作步骤	操 作 过 程	操 作 说 明
步骤四： 移动删除技术部目录文件。	[root@localhost ~]# mv /company/js/js_DM /company/yf [root@localhost ~]# ls /company/yf yf_softyf_hard js_DM [root@localhost ~]# mv /company/js/js_WD /company/fw [root@localhost ~]# ls /company/fw fw_after fw_before js_WD [root@localhost ~]# rm -rf /company/js [root@localhost ~]# ls /company fw sc yf	将 js_DM 目录移动到/yf 目录下 查看目录下内容 将 js_WD 目录移动到/fw 目录下 查看目录下内容 删除 js 目录 查看目录下内容

【任务拓展】

某高校的系统管理员已经在服务器中完成了相关目录的设置，现根据各分院要求进行文件管理。每个二级学院文件分配情况如表 4-15 所示。

表 4-15　各学院文件分配情况

二级学院名称	目录名称	文件名称	备　注
物联网学院	wlw _jw	wlw_jw	新增
	wlw _xzh	wlw _xzh	新增
	wlw _xg	wlw _xg	新增
电子工程学院	dz _jw	dz _jw	新增
	dz _ xzh	dz _ xzh	新增
	dz _ xg	dz _ xg	新增
通信工程学院	tx _jw	tx _jw	新增
	tx _ xzh	tx _ xzh	新增
	tx _ xg	tx _ xg	新增
幼儿教育学院	yj _jw	yj _jw	新增
	yj _ xzh	yj _ xzh	新增
	yj _ xg	yj _ xg	新增
电子与通信工程学院	dztx	所有文件	删除
机械工程学院	jx	所有文件移动到 wlw 目录	移动
电气工程学院	dq	复制所有文件到 wlw 目录	复制

【项目二习题】

一、选择题

1. 使用 mkdir 创建/home/test/dir 这样的多级目录，应该加上的选项是(　　)。

A. -r　　B. -p　　C. -a　　D. -t

2. 下列选项中，用于删除目录的命令是(　　)。

A. ls　　B. cd　　C. rmdir　　D. mkdir

3. 下列选项中，用于切换目录的命令是(　　)。

A. ls　　B. cd　　C. rmdir　　D. mkdir

4. 使用 cat 命令时，显示文件内容行号的选项是(　　)。

A. -I　　B. -N　　C. -g　　D. -n

5. 在查看文件内容时，可以上下移动光标的，是(　　)命令。

A. cat　　B. more　　C. less　　D. head

6. 使用 find 命令查找文件时，匹配文件所属用户的选项是(　　)。

A. -name　　B. -user　　C. -type　　D. -size

二、判断题

1. 使用 cd 命令进入目录的时候，可以使用绝对路径，也可以用相对路径。(　　)
2. 执行命令“ls　-a”，可以查看文件的详细信息。(　　)
3. 使用 mkdir 命令既可以创建单个目录，也可以创建多级目录。(　　)
4. 执行命令“mkdir　/hcit”和执行命令“mkdir　hcit”效果是一样的。(　　)
5. 使用 touch 命令既能创建目录，也能创建文件。(　　)
6. 使用 rm 命令既能删除目录，也能删除文件。(　　)

三、简答题

1. 简述 Linux 中绝对路径和相对路径的区别。
2. 简述 more 命令和 less 命令的区别。
3. 一个目录下有文件和子目录，如何删除这个目录？

项目三 Linux 用户和用户组管理

Linux 系统是多用户、多任务的操作系统，作为 Linux 操作系统的管理员，掌握用户和用户组的创建与维护管理方法十分重要。本项目主要介绍新建与删除用户、新建与删除用户组以及如何将用户加入到用户组等。

【知识目标】

1. 理解并掌握 Linux 系统中用户的相关概念。
2. 理解并掌握 Linux 系统中用户组的相关概念。
3. 熟练掌握 Linux 系统中新增用户、修改用户、设置用户密码、删除用户等命令的使用方法。
4. 熟练掌握 Linux 系统中新增用户组、修改用户组、管理用户组、删除用户组等命令的使用方法。

【能力目标】

1. 根据企事业单位要求，设计用户规划方案，并利用 Linux 系统中用户的创建与维护管理的方法，实现对企业内部人员账号的管理。
2. 根据企事业单位要求，设计用户组规划方案，并利用 Linux 系统中用户组的创建与维护管理的方法，实现对企业内部人员账号的组群管理。

任务 5 Linux 用户管理

【任务介绍】

M 公司随着规模不断的壮大，对现有部门进行调整后，作为系统管理员需要在 Linux 操作系统中重新为上述部门人员调整账号。根据公司要求，每个部门人员账号情况如表 5-1 所示。

表 5-1　公司各部门人员账号情况

部门名称	原人员账号	现人员账号	账号 UID	账号初始密码
技术部	js01 js02		3001 3002	333333
研发部		js01→yf01 js02→yf02	3001→4001 3002→4002	333333→444444
服务部		fw01 fw02	5001 5002	555555
市场部		sc01 sc02	6001 6002	666666

【任务分析】

要实现该公司部门人员账号的创建、删除和修改，可以分以下几个步骤：

步骤一：创建服务部人员账号，设置账号密码。

步骤二：创建市场部人员账号，设置账号密码。

步骤三：修改原技术部人员账号。

【必备知识】

完成本任务需要掌握的必备知识见 5.1～5.7 小节。

5.1　Linux 系统的用户

Linux 系统是一个多用户、多任务的操作系统，通常会拥有少至几个多至几百个的可登录用户，为确保系统的安全性和有效性，必须对用户进行妥善的管理和控制。

用户账号是用户在系统里的标识，用以鉴别用户身份、限制用户的权限、防止用户非法或越权使用系统资源。任何一个需要使用系统资源的用户，都必须首先向系统管理员申请一个账号，然后以这个账号的身份进入系统。每个用户账号都拥有一个唯一的用户名和各自的密码。用户账号可以帮助系统管理员对使用系统的用户进行跟踪，并控制用户对系统资源的访问，同时用户密码还可以为用户提供安全性保护。

在 Linux 系统中，各个用户的权限和所完成的任务是不同的，系统是通过用户的 ID 号来识别用户的，用户的 ID 号简称 UID，是系统中标识每个用户的唯一标识符。在 Linux 系统中主要有系统管理员、系统用户和普通用户这 3 类用户，这 3 类用户的 UID 取值也是不同的，各类用户的 UID 取值情况如表 5-2 所示。

表 5-2 Linux 系统中 UID 取值情况

UID 取值范围	说明
0 (系统管理员)	默认情况下，Linux 系统的管理员用户是 root 用户，其 UID 为 0，root 用户在每台 Linux 操作系统中都是真实存在的，通过它可以登录系统，可以在系统中操作任何文件和执行任何命令，拥有最高的管理权限
1～999 (系统用户)	系统用户最大的特点是安装系统后默认就会存在，且默认情况大多数不能登录系统，但是，它们是系统正常运行不可缺少的，它们的存在主要是方便系统管理，满足相应的系统进程对文件属性的要求。例如：系统中的 bin、adm、nobody、mail 用户等
1000 以上 (普通用户)	普通用户是为了让使用者能够使用 Linux 系统资源而建立的账号，普通用户不仅可以操作自己家目录下的文件及目录，还可以进入或浏览相关的目录。普通用户的 UID 取值大于 999，默认情况下从 1000 开始

5.2 Linux 系统的用户账号文件

在 Linux 系统中，存放用户信息的文件有很多，其中有两个非常重要的文件，一个是管理使用者 UID 重要参数的/etc/passwd 文件，另一个是专门管理密码相关数据的 /etc/shadow 文件。

1. /etc/passwd 文件详解

/etc/passwd 文件是系统用户配置文件，存储了系统中所有用户的基本信息，并且所有用户都可以读取该文件。其中每一行都是一个用户账号的相关信息，/etc/passwd 文件中的内容如下所示。

```
[root@localhost ~]# cat   /etc/passwd
root:x:0:0:root:/root:/bin/bash
bin:x:1:1:bin:/bin:/sbin/nologin
daemon:x:2:2:daemon:/sbin:/sbin/nologin
adm:x:3:4:adm:/var/adm:/sbin/nologin
lp:x:4:7:lp:/var/spool/lpd:/sbin/nologin
……(下面省略)……
```

/etc/passwd 文件中每行由 7 个字段组成，以“：”作为分隔符，这 7 个字段分别为用户名、密码、UID、GID、用户信息、家目录和 shell，各字段的功能如下：

(1) 用户名字段：这个字段是用户账号名称，是用户登录时所使用的用户名。以 /etc/passwd 文件中第一行 root 用户的数据为例，它的用户名是 root，如果想以系统管理员身份登录系统，输入的用户名就是 root。

(2) 密码字段：这个字段是用户的登录密码，考虑系统的安全性，通常用字母“X”来表示。以 /etc/passwd 文件中第一行 root 用户的数据为例，这里的“X”代表的是密码标志，而不是真正的密码，真正的密码保存在 /etc/shadow 文件中。

(3) UID 字段：这个字段是用户标识符，系统中每个用户的 UID 号都是唯一的。以 /etc/passwd 文件中第一行 root 用户的数据为例，它的 UID 是 0。Linux 系统中对不同用户的 UID 是有规定的，其中系统管理员的 UID 固定为 0，系统用户的 UID 一般为 1～999，普通用户的 UID 大于 1000。

(4) GID 字段：这个字段是用户所属用户组的组号，以 /etc/passwd 文件中第一行 root 用户的数据为例，它所属的用户组 GID 号为 0。

(5) 用户信息字段：这个用户信息包括用户名称、办公电话、住宅电话等相关信息。以 /etc/passwd 文件中第一行 root 用户的数据为例，这里只显示用户名称 root。如果想设置用户信息字段，需要使用 chfn 命令进行设置。

(6) 家目录字段：这个字段表示用户的起始工作目录，是用户成功登录后的默认目录。以 /etc/passwd 文件中第一行 root 用户的数据为例，其家目录就是 /root 目录。普通用户默认的家目录是 /home/ 下用户名同名的目录，例如 user1 用户的家目录就是 /home/user1，user2 用户的家目录就是 /home/user2。

(7) shell 字段：这个字段表示用户所使用的 shell，当用户登录系统后，会取得一个 shell 与系统的内核进行通信从而进行的相关操作，默认为“/bin/bash”。以 /etc/passwd 文件中第一行 root 用户的数据为例，它的 shell 就是“/bin/bash”，表示 root 用户是可以正常登入系统的。如果这一字段为“/sbin/nologin”，则不允许这个用户登入系统。

2. /etc/shadow 文件详解

/etc/shadow 文件用于存储 Linux 系统中用户的密码信息，是加密过的密码。为了保证用户密码的安全性，只有 root 用户对该文件具有只读权限且不能修改，其他用户不能对该文件进行任何操作。其中每一行都是一个用户密码的相关信息，/etc/shadow 文件中的内容如下所示。

```
[root@localhost ~]# cat    /etc/shadow
root:$6$LFo5/TljPY2JKTCe$Do01DgJwhGL9IFKbZCcC8Tj17sHsOZo6pWBT4xIZlT5iOgTvCiUC
a4UpxvO3Zg.L/jjeV11ejbZb/p8uK8k8q.::0:99999:7:::
bin:*:17834:0:99999:7:::
daemon:*:17834:0:99999:7:::
adm:*:17834:0:99999:7:::
lp:*:17834:0:99999:7:::
……(下面省略)……
```

/etc/shadow 文件每行由 9 个字段组成，以“：”作为分隔符。这 9 个字段分别为用户名、用户密码、最后一次修改时间、最小修改间隔时间、密码有效期、密码需要修改前的警告天数、密码过期后的宽限天数、账号失效时间和最后一个是保留字段。各字段的功能如下：

(1) 用户名字段：这个字段是用户账号名称，用户登录时所使用的用户名必须要与 /etc/passwd 相同才行。以 /etc/shadow 文件中第一行 root 用户的数据为例，它的用户名是 root，如果想以系统管理员身份登录系统，输入的用户名就是 root。

(2) 用户密码字段：这个字段是用户的登录密码，这里保存的是经过加密的密码。以

/etc/shadow 文件中第一行 root 用户的数据为例，它经过加密的密码就是这一串包含数字、字母和特殊字符的字符串，这里是不能手动修改的，如果手动修改，系统将无法识别密码，会导致密码失效。

(3) 最后一次修改时间字段：这个字段表示最后一次修改密码的时间。在 Linux 系统中计算日期的时间是以 1970 年 1 月 1 日为 1 不断累加得到的时间，例如在 2019 年 12 月 31 日修改用户的密码，这个字段会显示 18261。

(4) 最小修改间隔字段：这个字段规定了从最后一次修改密码的日期(第 3 字段)起，多长时间之内不能修改密码。以 /etc/shadow 文件中第一行 root 用户的数据为例，这一字段是 0，表示密码可以随时修改；如果这个一字段是 30，则代表密码修改后 30 天之内不能再次修改密码。

(5) 密码有效期字段：这个字段规定了从最后一次更改密码(第 3 字段)后多长时间内需要再次更改密码，否则该账户密码进入过期阶段，默认值是 99999，也就是 273 年，可认为是永久生效。如果改为 100，则表示密码被修改 100 天之后必须再次修改，否则这个用户的密码变为过期状态。

(6) 密码需要修改前的警告天数字段：这个字段用于设置提前发出警告的天数，当账户密码有效期快到时，系统会发出警告信息给此账户，提醒用户“再过多少天你的密码就要过期了，请尽快重新设置你的密码！”。以 /etc/shadow 文件中第一行 root 用户的数据为例，这一字段是 7，也就是说，距离密码有效期的第 7 天开始，每次登录系统都会向该账户发出“修改密码”的警告信息。

(7) 密码过期后的宽限天数字段：这个字段用于设置宽限天数，在密码过期后，用户如果还是没有修改密码，则在此字段规定的宽限天数内，用户还是可以登录系统的。该字段默认为空，代表密码过期后立即失效；如果此字段设为 10，则代表密码过期 10 天后失效。

(8) 账号失效时间字段：这个字段表示在这个字段规定的日期之后，将无法再使用这个用户账号。这里设置的时间和第三字段一样，都是以 1970 年 1 月 1 日为 1 不断累加得到的时间。该字段默认为空，表示该账号没有失效时间。该字段通常被使用在具有收费服务的系统中，或者用于设置临时用户账号。

(9) 最后一个保留字段，目前没有使用，等待新功能的加入。

下面 5.3～5.7 节介绍 Linux 系统中用户管理的相关命令。

5.3　新增用户(useradd)

1. 命令作用

useradd 命令可用来建立用户账号，此命令只有系统管理员 root 用户才能使用。

2. 命令格式

useradd 命令的格式为“useradd　[选项]　用户账号名”。

3. 命令选项

useradd 命令选项及含义如表 5-3 所示。

表 5-3　useradd 命令选项及含义

选项名称	选 项 含 义
-d	指定用户登入时的起始目录(家目录)
-e	指定用户账号的失效日期
-f	指定在密码过期后多少天即关闭该账号
-g	指定用户所属的用户组
-G	指定用户所属的附加组
-r	建立系统用户账号
-s	指定用户登入后所使用的 shell
-u	指定用户 id

4. 命令案例

案例 1：新增一个用户 user1，实现代码与结果如下：

```
[root@localhost ~]# useradd   user1                    //新增用户
[root@localhost ~]# cat   /etc/passwd                  //查看 passwd 文件
……(前面省略)……
admin:x:1000:1000:admin:/home/admin:/bin/bash
user1:x:1001:1001::/home/user1:/bin/bash
```

使用 useradd 命令，在不加任何选项参数的情况下，默认新增的是普通用户。执行命令“useradd　user1”，再查看 /etc/passwd 文件，其中 admin 是安装系统时创建的用户，其第三字段 UID 为 1000，此时再新增一个用户 user1，可以看到 user1 用户信息中第三字段 UID 为 1001。

案例 2：新增一个用户 user2，指定其 UID 为 2000，实现代码与结果如下：

```
[root@localhost ~]# useradd   -u   2000   user2        //新增用户时，指定其 UID
[root@localhost ~]# cat   /etc/passwd                  //查看 /etc/passwd 文件
……(前面省略)……
user1:x:1001:1001::/home/user1:/bin/bash
user2:x:2000:2000::/home/user2:/bin/bash
```

使用 useradd 命令时，加上 -u 选项，可以在新增用户时指定其 UID。执行命令“useradd -u　2000　user2”，再查看 /etc/ passwd 文件，可以看到 user2 用户信息中第三字段 UID 为 2000。

案例 3：新增一个用户 user3，指定其家目录为 /opt/dir，实现代码与结果如下：

```
[root@localhost ~]# useradd   -d   /opt/ dir   user3   //新增用户时，指定其家目录
[root@localhost ~]# cat   /etc/passwd                  //查看 /etc/passwd 文件
……(前面省略)……
user1:x:1001:1001::/home/user1:/bin/bash
user2:x:2000:2000::/home/user2:/bin/bash
user3:x:2001:2001::/opt/dir:/bin/bash
```

使用 useradd 命令时，加上 -d 选项，可以在新增用户时指定其家目录。执行命令“useradd

-d　/opt/ dir　user3”，再查看 /etc/ passwd 文件，可以看到 user3 用户信息中第 6 字段用户家目录被设置为 /opt/ dir。

案例 4：新增一个用户 user4，指定其用户组为 user3 用户组，实现代码与结果如下：

```
[root@localhost ~]# useradd   -g   user3   user4            //新增用户时指定其所属用户组
[root@localhost ~]#cat   /etc/passwd                        //查看 /etc/passwd 文件
……(前面省略)……
user1:x:1001:1001::/home/user1:/bin/bash
user2:x:2000:2000::/home/user2:/bin/bash
user3:x:2001:2001::/opt/dir:/bin/bash
user4:x:2002:2001::/home/user4:/bin/bash
```

使用 useradd 命令时，加上 -g 选项，可以在新增用户时指定其所属用户组 GID。执行命令“useradd　-g　user3　user4”，在查看 /etc/ passwd 文件，可以看到 user4 用户信息中第 4 字段所属用户组 GID 为 2001，2001 对应的就是 user3 用户组。

案例 5：新增一个临时用户 user5，设定其账号有效期至 2020 年 12 月 30 日，实现代码与结果如下：

```
[root@localhost ~]# useradd   -e   2020-12-30   user5        //新增用户时指定其失效日期
[root@localhost ~]# cat   /etc/shadow                        //查看 /etc/shadow 文件
……(前面省略)……
user1:!!:18316:0:99999:7:::
user2:!!:18316:0:99999:7: : :
user3:!!:18316:0:99999:7: : :
user4:!!:18316:0:99999:7: : :87
user5:!!:18316:0:99999:7::18626:
```

使用 useradd 命令时，加上 -e 选项，可以在新增用户时指定其失效日期。执行命令“useradd　-e　2020-12-30　user5”后，查看 /etc/shadow 文件，可以看到 user5 用户信息中第 8 字段账号失效时间为 18626，这个数字是从 1970 年 1 月 1 日为 1 不断累加得到的。如果想知道这个数字对应的是哪一天，可以使用 date 命令，实现代码与结果如下：

```
[root@localhost ~]# date   -d   "1970-01-01   18626   days"
2020 年 12 月 30 日星期三 00:00:00 CST
```

执行命令 date　-d　"1970-01-01　18626　days"，就可以知道 18626 这个数字对应的日期是 2020 年 12 月 30 日。

5.4　修改用户(usermod)

1. 命令作用

usermod 命令用于修改用户的基本信息，但不能修改已经登录系统用户的账号名称。

2. 命令格式

usermod 命令格式为“usermod　[选项]　用户账号名”。

3. 命令选项

usermod 命令选项及含义如表 5-4 所示。

表 5-4 usermod 命令选项及含义

选项名称	选 项 含 义
-d	修改用户登录时的目录(家目录)
-e	修改账号的有效期限
-g	修改用户所属的用户组
-G	修改用户所属的附加组
-l	修改用户账号名称
-L	锁定用户密码，使密码无效
-s	修改用户登录后所使用的 shell
-u	修改用户 UID
-U	解除密码锁定

4. 命令案例

案例 1：将 user1 用户的 UID 设置为 1200，实现代码与结果如下：

```
[root@localhost ~]# usermod  -u  1200  user1                    //修改用户 UID
[root@localhost ~]# cat  /etc/passwd                            //查看 /etc/passwd 文件
……(前面省略)……
user1:x:1200:1001::/home/user1:/bin/bash
……(下面省略)……
```

使用 usermod 命令时，加上 -u 选项，可以修改用户 UID。执行命令“usermod -u 1200 user1”，再查看 /etc/passwd 文件，可以看到 user1 用户信息中第三字段 GID 已经被修改为 1200。

案例 2：将 user1 用户的家目录修改为 /opt/dir1，实现代码与结果如下：

```
[root@localhost ~]# mkdir  /opt/dir1                            //创建目录
[root@localhost ~]# usermod  -d  /opt/dir1  user1               //修改用户的家目录
[root@localhost ~]# cat  /etc/passwd                            //查看 /etc/passwd 文件
……(前面省略)……
user1:x:1200:1001::/opt/dir1:/bin/bash
……(下面省略)……
```

使用 usermod 命令时，加上 -d 选项，可以修改用户的家目录。执行命令“usermod -d /opt/dir1 user1”，再查看 /etc/passwd 文件，可以看到 user1 用户信息中第 6 字段用户家目录已经被修改为 /opt/dir1。

案例 3：将 user1 用户所属的用户组修改为 user2 用户组，实现代码与结果如下：

```
[root@localhost ~]# usermod  -g  user2  user1                   //修改用户所属用户组
[root@localhost ~]# cat  /etc/passwd                            //查看 /etc/passwd 文件
……(前面省略)……
```

```
user1:x:1200:2000::/home/dir1:/bin/bash
……(下面省略)……
```

使用 usermod 命令时，加上 -g 选项，可以修改用户所属的用户组。执行命令“usermod -g　user2　user1”，再查看 /etc/passwd 文件中 user1 用户信息，可以看到第 4 字段 GID 字段已经被修改为 2000，系统中 user2 用户组对应的用户组 ID 号为 2000，表示 user1 用户所属用户组是 user2 用户组。

5.5　设置用户密码(passwd)

1. 命令作用

passwd 命令主要用于设置用户的密码。普通用户只能设置自己的密码，而 root 用户，可以为所有用户设置密码。

2. 命令格式

passwd 命令格式为“passwd　[选项]　用户账号名”。

3. 命令选项

passwd 命令选项及含义如表 5-5 所示。

表 5-5　passwd 命令选项及含义

选项名称	选 项 含 义
-d	删除密码
-f	强制执行
-l	锁住用户密码
-s	列出密码的相关信息
-u	解开已锁定的账号

注：选项为空时，表示给用户设置密码。

4. 命令案例

案例 1：设置 user1 用户的密码为 000000，实现代码与结果如下：

```
[root@localhost ~]# cat　/etc/shadow　　　　　　　　　　//查看 /etc/shadow 文件
……(前面省略)……
user1:!!:18282:0:99999:7: : :
……(下面省略)……
[root@localhost ~]# passwd　user1　　　　　　　　　　　//设置用户密码
更改用户 user1 的密码
新的　密码：
重新输入新的　密码：
passwd：所有的身份验证令牌已经成功更新。
[root@localhost ~]# cat　/etc/shadow　　　　　　　　　　//查看 /etc/shadow 文件
……(前面省略)……
```

```
user1:$6$gnJidUEe$NK2uhB95N.lq8YwioBpg.H/KRRszAwEfiM:18282:0:99999:7: : :
……(下面省略)……
```

使用 passwd 命令，不加任何选项参数，直接加上用户名，可以设置用户的密码。执行命令“passwd user1”，输入两次密码后，系统提示所有的身份验证令牌已经成功更新，表示用户密码已经设置成功，再查看 /etc/shadow 文件，可以看到 user1 用户密码信息中第 2 字段用户密码字段是一串包含数字、字母字符串，这就是加密后的用户密码。

案例 2：设置 user1 用户密码失效，实现代码与结果如下：

```
[root@localhost ~]# passwd  -l  user1                    //设置用户密码失效
锁定用户 user1 的密码
passwd: 操作成功
```

使用 passwd 命令时，加上 -l 选项，可以锁定用户密码。执行命令“passwd -l user1”，系统提示锁定用户 user1 的密码，此时再使用 user1 用户账号登录系统，输入密码后也无法进入系统。

案例 3：解锁被锁定的 user1 用户，实现代码与结果如下：

```
[root@localhost ~]# passwd  -u user1                      //解锁用户
解锁用户 user1 的密码
passwd: 操作成功
```

使用 passwd 命令时，加上 -u 选项，可以解锁已被锁定的用户。执行命令“passwd -u user1”，系统提示解锁用户 user1 的密码，此时再使用 user1 用户账号登录系统，输入密码后可以正常登入系统。

案例 4：设置 user1 用户账户密码为空，实现代码与结果如下：

```
[root@localhost ~]# passwd  –d user1                      //删除用户密码
清除用户 user1 的密码
passwd: 操作成功
```

使用 passwd 命令时，加上 -d 选项，可以删除用户密码。执行命令“passwd -d user1”，系统提示清除用户 user1 的密码，此时再使用 user1 用户账号登录系统，无需输入密码就可以登入系统。

5.6 切换用户(su)

1. 命令作用

su 命令用于用户身份的切换，包括从 root 用户切换为普通用户、从普通用户切换为 root 用户以及普通用户之间的切换三种情况。其中从 root 用户切换为普通用户，无需输入密码，直接完成切换，其他两种情况，都需要正确输入对方的密码，才能完成切换。

2. 命令格式

su 命令格式为“su [选项] 用户账号名”。

3. 命令选项

su 命令选项及含义如表 5-6 所示。

表 5-6　su 命令选项及含义

选项名称	选 项 含 义
-c<命令>	执行完指定的命令后，即恢复原来的身份
-f	用于 csh 与 tsch，使 shell 不读取启动文件
-l	变更用户身份时，变更环境变量
-s<shell>	指定要执行的 shell

4. 命令案例

案例 1：从 root 用户切换至 user2 用户，实现代码与结果如下：

```
[root@localhost ~]# su  user2                     //从 root 切换至 user2
[user2@localhost root]$
```

使用 su 命令，可以从 root 用户切换至普通用户，因为 root 用户是系统管理员，其权限最高，所以切换时无需输入密码，便可完成切换。执行命令“su　user2”，可以直接切换至 user2 用户，可以看到命令提示符中用户名由“root”变为“user2”，提示符由“#”变为“$”。

案例 2：从 user2 用户切换至 user3 用户，实现代码与结果如下：

```
[user2@localhost root]$ su  user3                 //从 user2 切换至 user3
密码:                                              //输入 user3 的密码
[user3@localhost root]$
```

使用 su 命令，可以从普通用户切换至另一个普通用户，但需要输入对方用户的密码，验证正确才能完成切换。执行命令“su　user3”，再输入 user3 用户的密码，可以完成切换，命令提示符中用户名由“user2”变为“user3”。

案例 3：从 user3 用户切换至 root 用户，同时切换 shell 环境，实现代码与结果如下：

```
[user3@localhost root]$ su  -l  root              //从 user3 切换至 root
密码:                                              //输入 root 的密码
上一次登录：一 1 月 13 07:20:47 CST 2020pts/0 上
[root@localhost ~]#
```

使用 su 命令时，加上 -l 选项，可以完成用户身份切换，同时变更环境变量。当然从普通用户切换至 root 用户，需要输入 root 用户的密码，验证正确才能完成切换。

案例 4：使用 su 命令，查询 user2 用户的家目录，实现代码与结果如下：

```
[root@localhost ~]# su  -l  -c  pwd  user2        //切换至 user2 并查询用户家目录
/home/user2
[root@localhost ~]#                               //实际上没有完成用户的切换
```

使用 su 命令时，加上 -c 选项，可以变更为新的用户并执行一条命令后，再切换回原来用户。执行命令“su　-l　-c　pwd　user2”，可以切换至 user2，用户执行 pwd 命令，再切换回 root 用户。执行命令后系统显示的是/home/user2，这个目录是 user2 用户的登入目录，也就是家目录，而且命令执行前后的命令提示符“[root@localhost ~]#”并没有发生变化，表明用户身份没有切换。

5.7　删除用户(userdel)

1. 命令作用

userdel 命令用于删除用户的相关数据，此命令只有系统管理员 root 用户才能使用。

2. 命令格式

userdel 命令格式为“userdel　[选项]　用户账号名”。

3. 命令选项

userdel 命令选项及含义如表 5-7 所示。

表 5-7　userdel 命令选项及含义

选项名称	选 项 含 义
-f	强制删除用户，即使用户当前已登录
-r	删除用户的同时，删除与用户相关的所有文件

4. 命令案例

案例 1：用户 user2 已经登录系统，要求删除 user2 用户，实现代码与结果如下：

```
[root@localhost ~]# userdel   -f   user2                //强制删除 user2 用户
[root@localhost ~]# find   /   -name   user2            //查找系统中 user2 相关文件
/var/spool/mail/user2
/home/user2
```

使用 userdel 命令时，加上 -f 选项，可以强制删除已登录用户。执行命令“userdel　-f　user2”，系统将删除 user2 用户，但系统中还会有残留文件。

案例 2：将 user1、user3、user4、user5 用户及文件彻底删除，实现代码与结果如下：

```
[root@localhost ~]# userdel   -r   user1                //删除 user1 用户
[root@localhost ~]# find   /   -name   user1            //查找系统中 user1 相关文件
[root@localhost ~]# userdel   -r   user3                //删除 user3 用户
[root@localhost ~]# userdel   -r   user4                //删除 user4 用户
[root@localhost ~]# userdel   -r   user5                //删除 user5 用户
```

使用 userdel 命令时，加上 -r 选项，可以同时删除用户及其相关文件。执行命令“userdel　-r　user1”后，再使用 find 命令查找系统中是否还有 use1 相关的文件，结果并未找到，表示此时系统中已经将 user1 用户及其相关文件都删除了。按照相同的方法，删除 user3 用户、user4 用户和 user5 用户。

注：在 Linux 系统中，正常删除一个用户时，命令格式为“userdel　-r　用户名”，这样才能在删除用户的同时，将用户的家目录及本地邮件存储的文件也一同删除。

【任务实施】

任务 5 的实施过程如表 5-8 所示。

表 5-8　任务 5 的实施过程

操作步骤	操 作 过 程	操 作 说 明
步骤一： 创建服务部人员账号，设置账号密码。	[root@localhost ~]# useradd -u 5001 fw01 [root@localhost ~]# useradd -u 5002 fw02 [root@localhost ~]# cat /etc/passwd fw01:x:5001:5001::/home/fw01:/bin/bash fw02:x:5002:5002::/home/fw02:/bin/bash [root@localhost ~]# passwd fw01 更改用户 fw01 的密码 新的 密码： 重新输入新的 密码： passwd：所有的身份验证令牌已经成功更新 [root@localhost ~]# passwd fw02 更改用户 fw02 的密码 新的 密码： 重新输入新的 密码： passwd：所有的身份验证令牌已经成功更新	新增用户 fw01，指定其 UID 为 5001 新增用户 fw02，指定其 UID 为 5002 查看 /etc/passwd，查询创建结果 设置用户 fw01 的密码 设置用户 fw02 的密码
步骤二： 创建市场部人员账号，并设置账号密码。	[root@localhost ~]# useradd -u 6001 sc01 [root@localhost ~]# useradd -u 6002 sc02 [root@localhost ~]# cat /etc/passwd sc01:x:6001:6001::/home/sc01:/bin/bash sc02:x:6002:6002::/home/sc02:/bin/bash [root@localhost ~]# passwd sc01 更改用户 sc01 的密码 新的 密码： 重新输入新的 密码： passwd：所有的身份验证令牌已经成功更新 [root@localhost ~]# passwd sc02 更改用户 sc02 的密码 新的 密码： 重新输入新的 密码： passwd：所有的身份验证令牌已经成功更新	新增用户 sc01，指定其 UID 为 6001 新增用户 sc02，指定其 UID 为 6002 查看 /etc/passwd，查询创建结果 设置用户 sc01 的密码 设置用户 sc02 的密码

续表

操作步骤	操作过程	操作说明
步骤三： 修改原技术 部人员账号。	[root@localhost ~]# usermod -u 4001 js01	将 js01 用户 UID 修改为 4001
	[root@localhost ~]# usermod -u 4002 js02	将 js02 用户 UID 修改为 4002
	[root@localhost ~]# usermod -l yf01 js01	将 js01 用户名修改为 yf01
	[root@localhost ~]# usermod -l yf02 js02	将 js02 用户名修改为 yf02
	[root@localhost ~]# cat /etc/passwd yf01:x:4001:3001::/home/js01:/bin/bash yf02:x:4002:3002::/home/js02:/bin/bash	查看 /etc/passwd，查询修改结果
	[root@localhost ~]# passwd js01 更改用户 js01 的密码 新的 密码： 重新输入新的 密码： passwd：所有的身份验证令牌已经成功更新	修改用户 js01 的密码
	[root@localhost ~]# passwd js02 更改用户 js02 的密码 新的 密码： 重新输入新的 密码： passwd：所有的身份验证令牌已经成功更新	修改用户 js02 的密码

【任务拓展】

某高校在对教学部门进行调整后，需要重新调整人员账号。每个二级学院人员账号分配情况如表 5-9 所示。

表 5-9 各二级学院人员账号情况

二级学院名称	原人员账号	现人员账号	账号 UID	账号初始密码
机械工程学院	jx01 jx02		6101 6102	111111
电气工程学院	dq01 dq02		6201 6202	222222
电子与通信工程学院	dztx01 dztx02 dztx03 dztx04		6301 6302 6303 6304	333333
物联网学院		jx01 jx02 dq01 dq02	6401 6402 6403 6404	444444

续表

二级学院名称	原人员账号	现人员账号	账号 UID	账号初始密码
电子工程学院		dztx01 dztx02	6501 6502	555555
通信工程学院		dztx03 dztx04	6601 6602	666666
幼儿教育学院		yj01 yj02 yj03	6701 6702 6703	777777

任务 6　Linux 用户组管理

【任务介绍】

M 公司对部门进行调整后，为了便于各个部门的管理，系统管理员需要根据部门人员情况，在 Linux 系统中，将人员账号划分到每个部门中，公司各部门人员账号和所属用户组情况如表 6-1 所示。

表 6-1　公司各部门人员账号与用户组情况

部门名称	现人员账号	现所属用户组	用户组 GID
研发部	yf01 yf02	yf	1666
服务部	fw01 fw02	fw	1777
市场部	sc01 sc02	sc	1888

【任务分析】

要实现该企业部门人员账号的分组管理，可以分为以下几个步骤：

步骤一：创建研发部、服务部、市场部用户组，并设置用户组 GID。

步骤二：修改研发部人员账号所属的用户组。

步骤三：修改服务部人员账号所属的用户组。

步骤四：修改市场部人员账号所属的用户组。

【必备知识】

完成本任务需要掌握的必备知识见 6.1～6.7 小节。

6.1 Linux 系统的用户组

1. Linux 系统的用户组作用

Linux 系统中用户组是具有相同特性的用户的逻辑集合，系统中拥有少至几个多至几百个的可登录用户，有时需要让多个用户具有相同的权限，比如允许多个用户访问某一个文件，此时使用用户组管理就方便多了，只要将所有需要访问该文件的用户放入一个用户组里，并给这个用户组授权，这样组中所有用户也就拥有了相同的权限。

2. Linux 系统的用户组分类

Linux 系统中用户组分为初始组和附加组，一个用户可以有多个附加组，但只能有一个初始组。

初始组：用户登录时就拥有这个用户组的相关权限，这个用户组就是用户的初始组，也称为主组。每个用户的初始组只能有一个，通常就是将和此用户的用户名相同的组名作为该用户的初始组。例如执行命令“useradd　user1”创建 user1 用户时，系统会默认创建一个 user1 用户组，那么 user1 用户组就是 user1 用户的初始组。

附加组：每个用户只能有一个初始组，除初始组外，用户可以加入多个其他的用户组，并拥有这些组的权限，那么这些用户组就是这个用户的附加组。例如上面的 user1 用户属于初始组 user1，如果再将 user1 用户再加入 group 组，那么 user1 用户同时属于 user1 组和 group 组。其中 user1 组是 user1 用户的初始组，group 组是 user1 用户的附加组。

3. Linux 系统的用户与用户组关系

Linux 系统的用户和用户组之间关系可以分为一对一、多对一、一对多、多对多。

一对一：一个用户只归属于一个用户组，这个用户是用户组中的唯一成员；

多对一：多个用户归属于同一个用户组；

一对多：一个用户归属于多个不同的用户组；

多对多：多个用户归属多个不同的用户组。

6.2 Linux 系统的用户组配置文件

在 Linux 系统中，有两个存放用户组配置信息的文件，一个是 /etc/group 文件，另一个是 /etc/gshadow 文件。

1. /etc/group 文件详解

/etc/group 文件是存储系统中用户组的 ID(GID)、组名的文件，任务 5 中讲过，etc/passwd 文件中每行用户信息的第 4 个字段是用户所属用户组的 ID，那么，GID 对应的用户组名到底是什么呢？就可以在 /etc/group 文件中查找到，/etc/group 文件中的内容如下所示。

```
[root@localhost ~]# cat    /etc/group
root:x:0:
bin:x:1:
daemon:x:2:
sys:x:3:
```

```
adm:x:4:
……(下面省略)……
```

/etc/group 文件中每行由 4 个字段组成，以“:”作为分隔符，这 4 个字段分别为组名、组密码、GID 和用户组成员列表，各字段的功能如下：

(1) 组名字段：这个字段是用户组的名称，由字母或数字构成。与用户名一样，组名在系统中是唯一的。/etc/group 文件中第一行用户组名称就是 root。

(2) 组密码字段：这个字段用来指定组管理员，为了考虑系统的安全性，组密码一般用字母“x”来表示，它只是一个密码标识而已。

(3) GID 字段：这个字段是用户组的 ID，Linux 系统就是通过 GID 来区分用户组的，而组名只是为了便于用户识别。

(4) 用户组成员列表字段：这个字段列出用户组包含的附加组成员列表。如果该用户组中无附加组成员，则该字段为空。

2. /etc/gshadow 文件详解

/etc/gshadow 文件用于存储 Linux 系统中用户组密码信息，对于大型服务器，针对很多用户和组，定制一些关系结构比较复杂的权限模型，设置用户组密码是及其必要的。为了保证密码的安全性，只有 root 用户对该文件具有只读权限且不能修改，其他用户不能对该文件进行任何操作，文件中每一行都是一个用户组密码的相关信息，/etc/gshadow 文件中的内容如下所示。

```
[root@localhost ~]# cat  /etc/gshadow
root: : :
bin: : :
daemon: : :
sys: : :
adm: : :
……(下面省略)……
```

/etc/gshadow 文件中每行由 4 个字段组成，以“:”作为分隔符。这 4 个字段分别为组名、组密码、组管理员和用户组成员列表，各字段的功能如下：

(1) 组名字段：这个字段是用户组的名称，由字母或数字构成。与用户名一样，组名在系统中是唯一的。/etc/gshadow 文件中第一行用户组名称就是 root，这个是与/etc/group 文件中的组名相对应的。

(2) 组密码字段：这个字段是用户组的密码，是给用户组管理员使用的，对于大多数用户组来说，通常不设置组密码，因此该字段通常为空，可以用 gpasswd 命令给用户组添加组密码。例如执行“gpasswd root”命令给 root 用户组添加密码，完成后再查看 /etc/gshadow 文件，可以看到 root 用户组这一行数据，组密码字段是一串包含数字、字母和特殊字符的字符串，这就是加密后的用户组密码。实现代码与结果如下：

```
[root@localhost ~]# gpasswd  root
正在修改 root 组的密码
```

```
新密码：
请重新输入新密码：
[root@localhost ~]# cat  /etc/gshadow
root:$6$tyjXW/VvN5n/ILd$wiJaMS6RbEYmign7YO7EWpRBKmtqJOx9QnuRhHjSbewxOYS/UDArrYePmtKLAUfRzYQDz2v0eShTxDb7QjvcQ/: :
bin: : :
daemon: : :
sys: : :
adm: : :
……(下面省略)……
```

(3) 组管理员字段：这个字段是该用户组的管理员账号，默认为空，表示未设置管理员。

(4) 用户组成员列表字段：这个字段列出每个用户组包含的附加组成员列表，在/etc/group 文件中有相同字段，具体内容参考/etc/group 详解。

下面 6.3～6.7 节介绍在 Linux 系统中用户组管理的相关命令。

6.3 新增用户组(groupadd)

1. 命令作用

groupadd 命令可用来建立新的用户组，只有系统管理员 root 用户可以使用 groupadd 命令，新用户组的信息将被添加到系统文件中。

2. 命令格式

groupadd 命令的格式为“groupadd [选项] 用户组名”。

3. 命令选项

groupadd 命令选项及含义如表 6-2 所示。

表 6-2 groupadd 命令选项及含义

选项名称	选 项 含 义
-g	指定新建用户组 GID
-K	覆盖配置文件“/ect/login.defs”
-o	允许使用重复的用户组 GID
-p	设置用户组密码
-r	创建系统用户组

4. 命令案例

案例 1：新增一个用户组 group1，实现代码与结果如下：

```
[root@localhost ~]# groupadd  group1                    //新增用户组
[root@localhost ~]# cat  /etc/group                     //查看 /etc/group 文件
……(前面省略)……
```

```
admin:x:1000:admin
group1:x:1001:
```

使用 groupadd 命令，在不加任何选项的情况下，新增的是普通用户组。执行命令“groupadd　group1”，再查看 /etc/group 文件，其中 admin 是安装系统时创建的用户所属的用户组，其第三字段 GID 为 1000，新增的用户组 group1 的用户组信息中第三字段 GID 为 1001。

案例 2：新增一个系统用户组 group2，实现代码与结果如下：

```
[root@localhost ~]# groupadd   -r   group2                //新增系统用户组
[root@localhost ~]# cat   /etc/group                      //查看 /etc/group 文件
……(前面省略)……
group1:x:1001:
group2:x:982:
```

在 Linux 系统中，系统用户组的 GID 取值在 1～999 之间。执行命令“groupadd　-r　group2”，再查看 /etc/group 文件，可以看到 group2 用户组信息中第三字段 GID 为 982。

案例 3：新增一个用户组 group3，指定其 GID 为 1600，实现代码与结果如下：

```
[root@localhost ~]# groupadd   -g   1600   group3         //新增用户组时指定其 GID
[root@localhost ~]# cat   /etc/group                      //查看 /etc/group 文件
……(前面省略)……
group1:x:1001:
group2:x:982:
group3:x:1600:
```

使用 groupadd 命令时，加上 -g 选项，可以在新增用户组时指定其 GID。执行命令“groupadd　-g　1600　group3 后，查看 /etc/group 文件，可以看到 group3 用户组信息中第三字段 GID 为 1600。

案例 4：新增一个用户组 group4，指定其 GID 为 1600，实现代码与结果如下：

```
[root@localhost ~]# groupadd   -g   1600   group4
groupadd：GID“1600”已经存在
[root@localhost ~]# groupadd   -o   -g   1600   group4    //允许使用重复的用户组 GID
[root@localhost ~]# cat   /etc/group                      //查看 /etc/group 文件
……(前面省略)……
group1:x:1001:
group2:x:982:
group3:x:1600:
group4:x:1600:
```

执行命令“groupadd　-g　1600　group4”，此时系统中已经有一个用户组的 GID 是 1600，系统会提示 GID“1600”已经存在，此时可以再加上 -o 选项，执行命令“groupadd　-o　-g　1600　group4”，这样就可以使用重复的用户组 GID，再查看 /etc/group 文件，可以看到 group3 和 group4 用户组信息中第三字段 GID 均为 1600。

6.4　修改用户组(groupmod)

1. 命令作用

groupmod 命令用来修改用户组的相关信息，如用户组 GID、名称等。

2. 命令格式

groupmod 命令格式为“groupmod　[选项]　用户组名”。

3. 命令选项

groupmod 命令选项及含义如表 6-3 所示。

表 6-3　groupmod 命令选项及含义

选项名称	选 项 含 义
-g	修改用户组 GID
-o	允许使用已存在的用户组 GID
-n	修改用户组名称

4. 命令案例

案例 1：将 group4 用户组的 GID 修改为 1200，实现代码与结果如下：

```
[root@localhost ~]# groupmod  -g  1200  group4            //修改用户组 GID
[root@localhost ~]# cat  /etc/group                       //查看 /etc/group 文件
……(前面省略)……
group1:x:1001:
group2:x:982:
group3:x:1600:
group4:x:1200:
```

使用 groupmod 命令时，加上 -g 选项，可以修改用户组 GID。执行命令“groupmod　-g　1200　group4”，再查看 /etc/group 文件最后一行，可以看到 group4 用户组信息中第三字段 GID 已经被修改为 1200。

案例 2：将 group3 用户组的 GID 修改为 1200，实现代码与结果如下：

```
[root@localhost ~]# groupmod  -g  1200  group3
groupmod：GID“1200”已经存在
[root@localhost ~]# groupmod  -o  -g  1200  group3       //允许使用重复的用户组 GID
[root@localhost ~]# cat  /etc/group                      //查看 /etc/group 文件
……(前面省略)……
group1:x:1001:
group2:x:982:
group3:x:1200:
group4:x:1200:
```

执行命令“groupmod -g 1200 group3”，因为系统中已经有一个用户组的 GID 是 1200，所以系统提示 GID“1200”已经存在，此时再加上 -o 选项，执行命令“groupmod -o -g 1200 group3”，这样就可以将 group3 用户组 GID 修改为系统中已经存在的 GID，再查看 /etc/group 文件，可以看到 group3 和 group4 用户组信息中第 3 字段 GID 均为 1200。

案例 3：将 group4 用户组的组名修改为 newgroup，实现代码与结果如下：

```
[root@localhost ~]# groupmod   -n   newgroup   group4
[root@localhost ~]# cat   /etc/group                                   //查看 /etc/group 文件
……(前面省略)……
group1:x:1001:
group2:x:982:
group3:x:1200:
newgroup:x:1200:
```

使用 groupmod 命令时，加上 -n 选项，可以修改用户组名。执行命令“groupmod -n newgroup group4”，再查看 /etc/group 文件，可以看到原来 group4 用户组名已经被修改为 newgroup。

在 Linux 系统中，尽量避免不同用户组采用相同的 GID，因此再将 newgroup 用户组 GID 修改为 1600，命令为“groupmod -g 1600 newgroup”。

6.5 管理用户组(gpasswd)

1. 命令作用

gpasswd 命令用于将一个用户添加到用户组或者从用户组中删除，还可以使用该命令给用户组设置一个组管理员。

2. 命令格式

gpasswd 命令格式为“gpasswd [选项] 用户组名”。

3. 命令选项

gpasswd 命令选项及含义如表 6-4 所示。

表 6-4 gpasswd 命令选项及含义

选项名称	选 项 含 义
-a	将一个用户加入到一个用户组中
-d	将一个用户从一个用户组中删除
-r	取消一个用户组的组密码
-R	限制其成员访问用户组
-A	指定用户组的管理员

注：选项为空时，表示给群组设置密码。

4. 命令案例

案例 1：新增一个用户 user1，将用户 user1 加入到用户组 group1 中，实现代码与结果如下：

```
[root@localhost ~]# useradd   user1                          //新增用户 user1
[root@localhost ~]# gpasswd   -a   user1   group1            //将用户加入到用户组中
正在将用户“user1”加入到“group1”组中
[root@localhost ~]# cat   /etc/group                         //查看 /etc/group 文件
……(前面省略)……
group1:x:1001:user1
group2:x:982:
group3:x:1200:
newgroup:x:1600:
user1:x:1601
```

使用 gpasswd 命令时，加上 -a 选项，可以将用户加入到用户组中。执行命令“gpasswd -a user1 group1”，查看 /etc/group 文件，可以看到 group1 用户组信息中第 4 字段用户组成员列表字段是 user1，表示用户 user1 已经加入到用户组 group1 中，此时用户组 group1 是用户 user1 的附加组。

案例 2：将用户 user1 从用户组 group1 中删除，实现代码与结果如下：

```
[root@localhost ~]# gpasswd   -d   user1   group1            //将用户从用户组中删除
正在将用户“user1”从“group1”组中删除
[root@localhost ~]# cat   /etc/group                         //查看 /etc/group 文件
……(前面省略)……
group1:x:1001:
group2:x:982:
group3:x:1200:
newgroup:x:1600:
user1:x:1601
```

使用 gpasswd 命令时，加上 -d 选项，可以将用户从用户组中删除。执行命令“gpasswd -d user1 group1”，再查看 /etc/group 文件，可以看到 group1 用户组信息中第 4 字段用户组成员列表字段中已经没有 user1，表示已经将用户 user1 从用户组 group1 中删除了。

案例 3：设置用户组 group1 的密码为 centos，实现代码与结果如下：

```
[root@localhost ~]# gpasswd   group1                         //设置用户组密码
正在修改 group1 组的密码
新密码：
请重新输入新密码：
```

```
[root@localhost ~]# cat   /etc/gshadow                              //查看 /etc/shadow 文件
……(前面省略)……
group1:$6$61ORespAcA/rMn$Bay4OEM2ihmV4dwb6igG0CeWHP6Zkshx::
group2:!::
group3:!::
newgroup:!::
user1:!::
```

使用 gpasswd 命令，不加任何选项，直接加上用户组名，可以设置用户组密码。执行命令“gpasswd　group1”，这里需要输入两次密码，再查看 /etc/gshadow 文件，可以看到 group1 用户组信息中第二字段组密码字段是一串包含数字、字母和特殊字符的字符串，这就是加密后的用户组密码。

案例 4：将用户 user1 设置为用户组 group1 的管理员，实现代码与结果如下：

```
[root@localhost ~]# gpasswd   -A   user1   group1              //设置用户组管理员
[root@localhost ~]# cat   /etc/gshadow                         //查看 /etc/group 文件
……(前面省略)……
group1:$6$61ORespAcA/rMn$Bay4OEM2ihmV4dwb6igG0CeWHP6Zkshx:user1:
group2:!::
group3:!::
newgroup:!::
user1:!::
```

使用 gpasswd 命令时，加上 -A 选项，可以设置用户组的管理员。执行命令“gpasswd -A　user1　group1”，再查看 /etc/gshadow 文件，可以看到 group1 用户组信息中第三字段组管理员字段是 user1，表示已经将用户 user1 设置为用户组 group1 的管理员。

6.6　删除用户组(groupdel)

1. 命令作用

groupdel 命令用于删除用户组，此命令只有 root 用户才能使用。此命令仅适用于删除“不是任何用户初始组”的用户组，如果用户组还是某用户的初始组，则无法成功删除。

2. 命令格式

groupdel 命令格式为“groupdel　用户组名”。

3. 命令案例

案例 1：删除用户组 group1、group2、group3、newgroup，实现代码与结果如下：

```
[root@localhost ~]# groupdel   group1                          //删除用户组
[root@localhost ~]# groupdel   group2
```

```
[root@localhost ~]# groupdel    group3
[root@localhost ~]# groupdel    newgroup
[root@localhost ~]# cat    /etc/group                                  //查看 /etc/group 文件
……(前面省略)……
admin:x:1000:admin
user1:x:1601
```

执行命令“groupdel group1”等，可以将 group1、group2、group3、newgroup 这 4 个用户组删除。查看 /etc/group 文件，可以看到文件中 group1、group2、group3、newgroup 这 4 个用户组的相关信息已经被删除了。

案例 2：删除用户组 user1，实现代码与结果如下：

```
[root@localhost ~]# groupdel    user1                                  //删除用户组 user1
groupdel：不能移除用户“user1”的主组
```

执行命令 groupdel user1，系统提示不能移除用户“user1”的主组。如果想删除一个用户的初始组，可以将用户所属的用户组修改为其他用户组，例如将 user1 用户所属用户组修改为其他用户组，再删除 user1 用户组，实现代码与结果如下：

```
[root@localhost ~]# groupadd    test                                   //新增用户组
[root@localhost ~]# usermod    -g    test    user1                     //修改用户所属用户组
[root@localhost ~]# groupdel    user1                                  //删除用户组 user1
[root@localhost ~]# cat    /etc/group                                  //查看 /etc/group 文件
……(前面省略)……
admin:x:1000:admin
test:x:1602:
```

首先执行命令“groupadd test”，新增一个用户组 test；再执行命令“usermod -g test user1”，将 user1 用户所属的用户组修改为 test；再执行命令“groupdel user1”，这样就可以删除用户组 user1；最后查看 /etc/group 文件，可以看到 user1 用户组的信息已经被删除。另外一种方法，可以先删除组中的用户，再删除用户组。

6.7 切换用户组(newgrp)

1. 命令作用

newgrp 命令可以从用户的附加组中选择一个用户组，作为用户新的初始组。

2. 命令格式

newgrp 命令格式为“newgrp 用户组名”。

3. 命令案例

通过一个案例，了解 newgrp 命令的具体用法和功能。

将用户 test 分别加入到用户组 usergroup1、usergroup2，从 root 用户切换至 test 用户后

创建一个文件 file1，使用 newgrp 命令将用户的初始组分别切换到 usergroup1 和 usergroup2，同时分别创建文件 file2 和 file3，最后查看一下这三个文件的属性。

步骤一，新增 2 个用户组 usergroup1、usergroup2，实现代码与结果如下：

```
[root@localhost ~]# groupadd    usergroup1                    //新增用户组
[root@localhost ~]# groupadd    usergroup2                    //新增用户组
```

执行命令“groupadd usergroup1”“groupadd usergroup2”可以新增 2 个用户组 usergroup1、usergroup2。

步骤二，创建一个用户 test，将用户 test 加入到 usergroup1 和 usergroup2 中，实现代码与结果如下：

```
[root@localhost ~]# useradd    test                           //新增用户
[root@localhost ~]# passwd    test                          //设置用户密码
更改用户 test 的密码。
新密码：
重新输入新密码：
passwd：所有的身份验证令牌已经成功更新。
[root@localhost ~]# gpasswd    -a    test    usergroup1     //将用户加入到用户组中
正在将用户“test”加入到“usergroup1”组中
[root@localhost ~]# gpasswd    -a    test    usergroup2     //将用户加入到用户组中
正在将用户“test”加入到“usergroup2”组中
```

执行命令“gpasswd -a test usergroup1”“gpasswd -a test usergroup2”，可以将用户 test 加入到 usergroup1 和 usergroup2 用户组中。

步骤三，从 root 用户切换至 test 用户，创建 file1 文件，将 test 用户所属用户组切换为 usergroup1，创建 file2 文件，将 test 用户所属用户组切换为 usergroup2，创建 file3 文件，实现代码与结果如下：

```
[root@localhost ~]# su    -l    test                         //切换至 test 用户
[test@localhost ~]$ touch    file1                           //创建文件 file1
[test@localhost ~]$ newgrp    usergroup1                     //切换 test 的初始组为 usergroup1
[test@localhost ~]$ touch    file2                           //创建文件 file2
[test@localhost ~]$ newgrp    usergroup2                     //切换 test 的初始组为 usergroup2
[test@localhost ~]$ touch    file3                           //创建文件 file3
[test@localhost ~]$ ll                                       //查看文件属性
总用量 0
-rw-rw-r--. 1    test    test          0     1 月    22 13:20    file1
-rw-r--r--. 1    test    usergroup     10    1 月    22 13:20    file2
-rw-r--r--. 1    test    usergroup2    0     1 月    22 13:20    file3
```

使用 ll 命令，可以看到刚创建的三个文件所属用户组分别是 test 用户组、usergroup1

用户组、usergroup2 用户组，这就是 newgrp 命令发挥的作用，即通过切换附加组使之成为新的初始组，从而让用户获得使用各个附加组的权限。

【任务实施】

任务 6 的实施过程如表 6-5 所示。

表 6-5　任务 6 的实施过程

操作步骤	操 作 过 程	操 作 说 明
步骤一： 创建研发部、服务部、市场部用户组，并设置用户组 UID。	[root@localhost ~]# groupadd -g 1666 yf [root@localhost ~]# groupadd -g 1777 fw [root@localhost ~]# groupadd -g 1888 sc [root@localhost ~]# tail -n 3 /etc/group yf:x:1666: fw:x:1777: sc:x:1888:	新增用户组 yf，指定其 GID 为 1666 新增用户组 fw，指定其 GID 为 1777 新增用户组 sc，指定其 GID 为 1888 查看 /etc/group，查询创建结果
步骤二： 修改研发部人员账号所属的用户组。	[root@localhost ~]# usermod -g yf yf01 [root@localhost ~]# usermod -g yf yf02 [root@localhost ~]# cat /etc/passwd yf01:x:4001:1666::/home/js01:/bin/bash yf02:x:4002:1666::/home/js02:/bin/bash	将用户 yf01 所属用户组修改为 yf 将用户 yf02 所属用户组修改为 yf 查看 /etc/passwd，查询创建结果
步骤三： 修改服务部人员账号所属的用户组。	[root@localhost ~]# usermod -g fw fw01 [root@localhost ~]# usermod -g fw fw02 [root@localhost ~]# cat /etc/passwd fw01:x:5001:1777::/home/fw01:/bin/bash fw02:x:5002:1777::/home/fw02:/bin/bash	将用户 fw01 所属用户组修改为 fw 将用户 fw02 所属用户组修改为 fw 查看 /etc/passwd，查询修改结果
步骤四： 修改市场部人员账号所属的用户组。	[root@localhost ~]# usermod -g sc sc01 [root@localhost ~]# usermod -g sc sc02 [root@localhost ~]# cat /etc/passwd sc01:x:6001:1888::/home/sc01:/bin/bash sc02:x:6002:1888::/home/sc02:/bin/bash	将用户 sc01 所属用户组修改为 sc 将用户 sc02 所属用户组修改为 sc 查看 /etc/passwd，查询修改结果

【任务拓展】

某高校为了对现有教学部门进行管理，需要将不同人员按照各部门进行分组管理。各部门分组情况如表 6-6 所示。

表 6-6　各学院人员账号与用户组情况

二级学院名称	人员账号	用户组名	用户组 GID	备注
机械工程学院		jx	5111	删除
电气工程学院		dq	5222	删除
电子与通信工程学院		dt	5333	删除
物联网学院	jx01 jx02 dq01 dq02	wlw	6111	新增
电子工程学院	dztx01 dztx02	dz	6222	新增
通信工程学院	dztx03 dztx04	tx	6333	新增
幼儿教育学院	yj01 yj02 yj03	yj	6444	新增

【项目三习题】

一、选择题

1. 使用 useradd 命令新建用户时，同时设置用户主目录的选项是(　　)。

A. -d　　B. -g　　C. -p　　D. -u

2. 使用 usermod 命令修改用户时，可以禁止用户登录系统的选项是(　　)。

A. -e　　B. -g　　C. -L　　D. -u

3. 使用 passwd 命令时，可以设置用户口令为空的选项是(　　)。

A. -d　　B. -f　　C. -l　　D. -u

4. 使用 groupadd 命令新建用户组时，可以指定用户组 GID 的选项是(　　)。

A. -g　　B. -o　　C. -r　　D. -W

5. 使用 groupmod 命令，允许两个用户组使用 GID 的选项是(　　)。

A. -g　　B. -o　　C. -r　　D. -W

6. 使用 gpasswd 命令时，可以把用户加入到用户组的选项是(　　)。

A. -a　　B. -A　　C. -d　　D. -r

二、判断题

1. 使用 useradd 命令只可以新建普通用户，系统用户必须安装系统时设置。　(　　)
2. 使用 usermod 命令可以将两个用户 UID 改为相同的。　(　　)
3. 使用 groupadd 命令时，新建的用户组的 GID 必须大于 500。　(　　)
4. 使用 passwd 命令只能为自己设置密码，不能为其他用户设置。　(　　)

5. 系统中所有用户都可以使用 gpasswd 命令。 ( )

6. 使用 newgrp 命令，可以将系统中用户组作为用户的初始组。 ( )

三、问答题

1. 简述系统中用户 UID 如何分类。
2. 简述用户的初始组和附加组的区别。

项目四 Linux 目录和文件权限管理

Linux 系统是多用户、多任务的操作系统，数据安全是每个管理员必须考虑的问题，文件权限对于数据安全至关重要。在了解 Linux 的用户与用户组之后，接下来需要知道文件的权限如何针对这些用户与用户组进行设置。本项目主要介绍 Linux 文件信息的内容、文件权限的概念、文件权限的设置、访问控制列表等内容。

【知识目标】

1. 理解并掌握 Linux 系统文件信息的基本组成。
2. 理解并掌握 Linux 系统权限的含义和表示方式。
3. 熟练掌握 Linux 系统中一般权限的设置方法。
4. 熟练掌握 Linux 系统中特殊权限的设置方法。
5. 熟练掌握 Linux 系统中访问控制列表的设置方法。

【能力目标】

1. 根据企事业单位要求，完成相关目录和文件一般权限设置。
2. 根据企事业单位要求，完成相关目录和文件特殊权限设置。
3. 根据企事业单位要求，完成相关目录和文件访问控制列表设置。

任务 7 目录和文件一般权限管理

【任务介绍】

根据企业要求，现需要对目录和文件实现分级分部门管理，所有目录和文件均保存在 /company 目录下，每个部门拥有一个独立的文件夹，部门之间不能访问对方文件夹。另外，每个员工都有所属部门的文件夹，相同部门不同员工之间可以查看对方的文件夹，但不可修改，员工只能修改自己的文件夹。每个部门员工和目录分配情况如表 7-1 所示。

表 7-1　企业各部门员工和目录分配情况

部门名称	员工账号	目录名称
研发部 (yf)	yf01	/company/yf/ yf01
	yf02	/company/yf/ yf02
服务部 (fw)	fw01	/company/fw/ fw01
	fw02	/company/fw/ fw02
市场部 (sc)	sc01	/company/sc/ sc01
	sc02	/company/sc/ sc02

【任务分析】

要实现该企业员工文件权限设置，可以按以下几个步骤进行操作：

步骤一：创建员工目录。

步骤二：设置部门目录权限。

步骤三：设置用户目录权限。

【必备知识】

完成本任务需要掌握的必备知识见 7.1～7.5 节。

7.1　文件的属性信息

在 Linux 系统中，文件信息具体是由哪些部分组成的呢？下面以/etc 目录下的文件信息为例进行说明。使用命令“ll　/etc”，查看 /etc 目录下所有文件的详细信息，截取部分结果如图 7-1 所示。

类型权限	文件数	所属用户	所属组	大小	创建时间	文件名
drwxr-xr-x.	4	root	root	40	2 月 14　22:41	groff
-rw-r--r--.	1	root	root	96	2 月 14　22:59	group
lrwxrwxrwx.	1	root	root	22	2 月 14　22:42	-> ../boot/grub2/grub.cfg

图 7-1　Linux 文件的属性信息

文件的属性信息由以下几部分组成：

(1) 第一部分是文件类型权限。第 1 个字符一般用来区分文件的类型，常见文件类型如下：

① d：表示目录，例如图中的 groff 目录。

② -：表示普通文件，例如图中的 group 文件。

③ l：表示链接文件，例如图中的 grub.cfg 文件。

④ b：表示可供储存的接口设备，例如 U 盘。

⑤ c：表示串行端口设备，例如键盘、鼠标。

第 2～10 个字符表示文件的访问权限，详细情况将在 7.2 节进行讲解。

(2) 第二部分是文件数。每个文件都会将其权限属性记录到文件系统中的 i-node(节点)中，每个文件名都会连接到一个 i-node。因此，文件数就反映了有多少不同文件名连接到相同的一个 i-node。

(3) 第三部分是该文件(目录)所属用户。这里显示的是该文件(目录)拥有者的用户账号。

(4) 第四部分是该文件(目录)所属组。这里显示的是该文件(目录)所属的初始用户组。有关初始用户组的概念在 6.1 节已经讲解过。

(5) 第五部分是该文件的大小。这里文件大小默认单位为 byte。

(6) 第六部分是文件创建或修改时间。这部分的内容分别是日期(日/月)和时间，如果文件创建或修改时间距离现在比较久，那么该部分显示为日/月/年。

(7) 第七部分是文件名。如果文件名以“.”开头，则表示该文件为隐藏文件。

7.2　文件的权限

文件属性信息中第一部分的第 2～10 个字符表示文件的访问权限，这 9 个字符每 3 个为一组，第 2、3、4 个字符表示该文件所属用户的权限，第 5、6、7 个字符表示该文件所属用户组成员的权限，第 8、9、10 个字符表示该文件所属用户组外其他用户的权限。

Linux 文件的权限分为可读(r)、可写(w)、可执行(x)三种，如果不具备任何权限，则用“-”表示。

下面以图 7-1 中 groff 目录的权限为例进行详细说明，其权限为 rwxr-xr-x。

(1) 2～4 位 rwx：表示 root 用户对 groff 目录具有可读可写可执行权限。

(2) 5～7 位 r-x：表示 root 用户组中其他组成员对 groff 目录具有可读可执行权限，但不可写入。

(3) 8～10 位 r-x：表示 root 组外的其他用户对 groff 目录具有可读可执行权限，但不可写入。

下面 7.3～7.5 节介绍权限管理中 chmod、chown、chgrp 命令的使用。

7.3　设置文件权限(chmod)

1. 命令作用

chmod 命令主要用来设置文件或目录的访问权限。

2. 命令格式

chmod 命令的格式为“chmod　[选项]　目录名/文件名”。

3. 命令选项

chmod 命令选项及含义如表 7-2 所示。

表 7-2　chmod 命令选项及含义

选项名称	选 项 含 义
+	增加某种权限
-	取消某种权限
=	赋予给定权限
-R	递归处理，将指定目录下的所有文件及子目录一并处理

4. 命令案例

目录和文件权限设置的方法有文字表示法和数字表示法两种。

1) 文字表示法

使用文字表示法设置权限时，用 4 个字母表示不同的用户。

u：表示文件所属用户。

g：表示文件所属组。

o：表示文件所属组外其他用户。

a：表示系统中所有用户。

案例 1：新建 /mnt/file 文件，设置所有用户都对文件可读可写，实现代码与结果如下：

```
[root@localhost ~]# touch   /mnt/file                    //创建文件
[root@localhost ~]# ll   /mnt/file                       //查看文件权限
-rw-r--r--. 1 root root 0 3 月   1 14:47     /mnt/file
[root@localhost ~]# chmod   a=rw   /mnt/file             //设置权限
[root@localhost ~]# ll   /mnt/file                       //查看文件权限
-rw-rw-rw-. 1 root root 0 3 月   1 14:47     /mnt/file
```

执行命令“chmod　a=rw　/mnt/file”，其中“a=rw”表示所有用户权限为读写权限；再使用 ll 命令查看文件属性，可以看到此时文件权限为 rw-rw-rw-，所有用户都对该文件可读可写。

案例 2：为 /mnt/file 文件的所属用户添加执行权限，实现代码与结果如下：

```
[root@localhost ~]# chmod   u+x         /mnt/file        //设置权限
[root@localhost ~]# ll   /mnt/file                       //查看文件权限
-rwxrw-rw-. 1 root root 0 3 月   1 14:47    /mnt/file
```

执行命令“chmod　u+x /mnt/file”，其中“u+x”表示给文件所属用户添加执行权限；再使用 ll 命令查看文件属性，可以看到此时文件权限为 rwxrw-rw-，文件所属用户对该文件可读可写可执行。

案例 3：取消其他用户对 /mnt/file 文件的读写权限，实现代码与结果如下：

```
[root@localhost ~]# chmod   o-r,o-w     /mnt/file        //设置权限
[root@localhost ~]# ll   /mnt/file                       //查看文件权限
-rwxrw----. 1 root root 0 3 月   1 14:47    /mnt/file
```

设置多个权限值时，中间要用“，”隔开，执行命令“chmod　o-r,o-w　/mnt/file”，其中“o-r,o-w”表示取消其他用户对文件的读写权限；再使用 ll 命令查看文件属性，可以看到此时文件权限为 rwxrw----，文件所属组外的其他用户对该文件无任何权限。

案例 4：新建 /mnt/test/testdir 目录，再新建/mnt/test/testfile 文件，设置/mnt/test 目录及目录下所有文件对所有人都可读可写可执行，实现代码与结果如下：

```
[root@localhost ~]# mkdir   -p   /mnt/test/testdir            //创建目录
[root@localhost ~]# touch   /mnt/test/testfile                //创建文件
[root@localhost ~]# chmod   -R   a=rwx   /mnt/test            //设置目录权限
[root@localhost ~]# ll   /mnt/test/                           //查看目录下文件
drwxrwxrwx. 2   root   root   6   3 月   1   15:17   testdir
```

```
-rwxrwxrwx. 1   root   root   0    3月   1   15:17   testfile
[root@localhost ~]# ll   -d   /mnt/test                          //查看目录
drwxrwxrwx. 3   root   root   37   3月   1   15:17   /mnt/test/
```

如果目录下包含子目录，则设置权限时，需要加上 -R 选项。执行命令“chmod　-R　a=rwx　/mnt/test/”，可以将该目录以及目录下所有文件的权限设置为可读可写可执行；再使用 ll 命令，可以看到目录及目录下的所有文件对所有人都可读可写可执行。

2) 数字表示法

在实际设置文件权限时，通常采用数字表示法来表示权限的类型，此方法较为简便。所谓数字表示法，就是将可读(r)、可写(w)、可执行(x)分别用数字 4、2、1 来表示，不具备任何权限用数字 0 表示，再把三个数字相加。

例如图 7-1 中 groff 目录的权限为 rwxr-xr-x，使用数字来代表各个权限：

(1) “rwx”转化为数字是“421”，数字相加得 7；

(2) “r-x”转化为数字是“401”，数字相加得 5；

(3) “r-x”转化为数字是“401”，数字相加得 5。

因此，groff 目录的权限用数字表示法就是 755。

案例：创建一个 /mnt/hcit 目录，设置目录所属用户对该目录有全部权限，目录所属组成员对该目录有可读可写权限，其他用户对该目录只有可读权限，实现代码与结果如下：

```
[root@localhost ~]# mkdir   /mnt/hcit                          //创建目录
[root@localhost ~]# chmod   764   /mnt/hcit                    //设置目录权限
[root@localhost ~]# ll   -d   /mnt/hcit                        //查看目录
drwxrw-r--. 2   root   root   6   3月   1   16:00   /mnt/hcit/
```

所属用户对该目录的权限为 rwx，即可读可写可执行，用数字表示法就是 421，相加得 7；所属组对该目录的权限为 rw-，即可读可写不可执行，用数字表示法就是 420，相加得 6；其他用户对该目录的权限为 r--，即可读不可写不可执行，用数字表示法就是 400，相加得 4。因此，/mnt/hcit 目录的权限数字表示形式应为 764。所以，执行命令“chmod　764　/mnt/hcit”，就可以完成要求的权限设置。

在实际使用的系统中，要合理地设置文件和目录的权限，最大程度地保障文件的安全。为了文件的安全性，避免使用 777 这样的权限。

7.4　修改文件拥有者(chown)

1. 命令作用

chown 命令用于修改文件和目录的所属用户和所属组。

2. 命令格式

chown 命令格式有两种：“chown　[选项]　用户　文件或目录名”和“chown　[选项]　用户：用户组　文件或目录名”。

3. 命令选项

chown 命令选项及含义如表 7-3 所示。

表 7-3 chown 命令选项及含义

选项名称	选 项 含 义
-f	忽略错误信息
-R	处理指定目录以及目录下的所有文件
-v	显示详细的处理信息

4. 命令案例

案例 1：新建一个用户 user1，并在/mnt/hcit 目录下新建三个文件 file1、file2、file3。将 /mnt/hcit 目录下 file1 文件的所属用户改为 user1，实现代码与结果如下：

```
[root@localhost ~]# useradd   user1                          //新建用户
[root@localhost ~]# touch   /mnt/hcit/file{1,2,3}            //创建文件
[root@localhost ~]# chown   user1   /mnt/hcit/file1          //修改文件所属用户
[root@localhost ~]# ll   /mnt/hcit                           //查看目录下文件
-rw-r--r--. 1 user1 root 0 3 月   1 16:13 file1
-rw-r--r--. 1 root   root 0 3 月   1 16:13 file2
-rw-r--r--. 1 root   root 0 3 月   1 16:13 file3
```

执行命令“chown　user1　/mnt/hcit/file1”，可以将 file1 文件所属用户修改为 user1；使用命令“ll　/mnt/hcit”，可以看出 file1 文件的所属用户已经改为 user1，file2 和 file3 文件的所属用户仍为 root。

案例 2：将 /mnt/hcit 目录下 file1 文件的所属组修改为 user1，实现代码与结果如下：

```
[root@localhost ~]# chown   :user1   /mnt/hcit/file1         //修改文件所属组
[root@localhost ~]# ll   /mnt/hcit                           //查看目录下文件
-rw-r--r--. 1 user1 user10 3 月   1 16:13 file1
-rw-r--r--. 1 root   root0 3 月   1 16:13 file2
-rw-r--r--. 1 root   root 0 3 月   1 16:13 file3
```

执行命令“chown　:user1　/mnt/hcit/file1”，命令中“：”前面为空表示所属用户不修改，“：”后面为 user1 表示将文件所属组修改为 user1 用户组；使用命令“ll　/mnt/hcit”，可以看到 file1 文件所属用户组已经改为 user1，file2 和 file3 文件所属用户组仍为 root。

案例 3：将 /mnt/hcit 目录及目录下文件的所属用户和所属组都改为 user 1，实现代码与结果如下：

```
[root@localhost ~]# chown   user1:user1   -R   /mnt/hcit     //修改文件所有者和所属组
[root@localhost ~]# ll   /mnt/hcit                           //查看目录下文件
-rw-r--r--. 1   user1   user1   0   3 月   1   16:13   file1
-rw-r--r--. 1   user1   user1   0   3 月   1   16:13   file2
-rw-r--r--. 1   user1   user1   0   3 月   1   16:13   file3
[root@localhost ~]# ll   -d   /mnt/hcit                      //查看目录
drwxrw-r--. 2   user1   user1   45   3 月   1   16:13   /mnt/hcit
```

使用 chown 命令，如果要处理指定目录以及目录下的所有文件，需要加上 -R 选项。执行命令“chown　user1:user1　-R　/mnt/hcit”，可以将 /mnt/hcit 目录以及目录下文件的

所属用户和所属组都修改为 user1；使用命令“ll /mnt/hcit”，可以看到目录/mnt/hcit 及目录下文件的所属用户、所属用户组均已经改为 user1。

7.5 修改文件所属组(chgrp)

1. 命令作用

chgrp 命令用于变更文件或目录的所属用户组。

2. 命令格式

chgrp 命令的格式为“chgrp [选项] 用户组 目录名/文件名”。

3. 命令选项

chgrp 命令选项及含义如表 7-4 所示。

表 7-4 chgrp 命令选项及含义

选项名称	选 项 含 义
-f	忽略错误信息
-R	处理指定目录以及其子目录下的所有文件
-v	显示详细的处理信息

4. 命令案例

案例 1：将 /mnt/hcit 目录下 file1 文件的所属组修改为 root，实现代码与结果如下：

```
[root@localhost ~]# chgrp  root  /mnt/hcit/file1          //修改文件所属组
[root@localhost ~]# ll  /mnt/hcit                         //查看目录下文件
-rw-r--r--. 1  user1  root   0  3月  1  16:13  file1
-rw-r--r--. 1  user1  user1  0  3月  1  16:13  file2
-rw-r--r--. 1  user1  user1  0  3月  1  16:13  file3
```

执行命令“chgrp root /mnt/hcit/file1”，可以将 file1 文件所属用户修改为 root；使用命令“ll /mnt/hcit”，可以看出 file1 文件的所属用户组已经改为 root，file2 和 file3 文件的所属用户组仍为 user1。

案例 2：将 /mnt/hcit 目录及目录下文件的所属组都改为 root，实现代码与结果如下：

```
[root@localhost ~]# chgrp  root  -R  /mnt/hcit            //修改文件所属组
[root@localhost ~]# ll  /mnt/hcit/                        //查看目录下文件
-rw-r--r--. 1  user1  root  0  3月  1  16:13  file1
-rw-r--r--. 1  user1  root  0  3月  1  16:13  file2
-rw-r--r--. 1  user1  root  0  3月  1  16:13  file3
[root@localhost ~]# ll  -d  /mnt/hcit                     //查看目录
drwxrw-r--. 2  user1  root  45  3月  1  16:13  /mnt/hcit
```

使用 chgrp 命令，如果要处理指定目录以及目录下的所有文件，需要加上 -R 选项。执行命令“chgrp root -R /mnt/hcit”，可以将 /mnt/hcit/目录以及目录下文件的所属组都修改为 root；使用命令“ll /mnt/hcit”，可以看到目录 /mnt/hcit 及目录下文件的所属用户组均已经改为 root。

【任务实施】

任务 7 的实施过程如表 7-5 所示。

表 7-5　任务的实施过程

操作步骤	操 作 过 程	操 作 说 明
步骤一： 创建员工目录。	[root@localhost ~]# mkdir　/company/yf/yf01 [root@localhost ~]# mkdir　/company/yf/yf02 [root@localhost ~]# mkdir　/company/fw/fw01 [root@localhost ~]# mkdir　/company/fw/fw02 [root@localhost ~]# mkdir　/company/sc/sc01 [root@localhost ~]# mkdir　/company/sc/sc02	创建 yf01 目录 创建 yf02 目录 创建 fw01 目录 创建 fw02 目录 创建 sc01 目录 创建 sc02 目录
步骤二： 设置部门目录权限。	[root@localhost ~]# chmod　750　/company/yf [root@localhost ~]# chmod　750　/company/fw [root@localhost ~]# chmod　750　/company/sc [root@localhost ~]# chgrp　yf　/company/yf [root@localhost ~]# chgrp　fw　/company/fw [root@localhost ~]# chgrp　sc　/company/se [root@localhost ~]# su　yf01 [yf01@localhost yf02]$ cd　/company/yf [yf01@localhost yf]$cd　/company/fw bash: cd: /company/fw: 权限不够	设置研发部目录权限 设置服务部目录权限 设置市场部目录权限 设置研发部目录所属组 设置服务部目录所属组 设置市场部目录所属组 切换到 yf01 用户验证 切换到研发部目录 切换到服务部目录
步骤三： 设置用户目录权限。	[root@localhost ~]# chown　yf01　/company/yf/yf01 [root@localhost ~]# chown　yf02　/company/yf/yf02 [root@localhost ~]# chown　fw01　/company/fw/fw01 [root@localhost ~]# chown　fw02　/company/fw/fw02 [root@localhost ~]# chown　sc01　/company/sc/sc01 [root@localhost ~]# chown　sc02　/company/sc/sc02 [root@localhost ~]# chgrp　yf　/company/yf/yf01 [root@localhost ~]# chgrp　yf　/company/yf/yf02 [root@localhost ~]# chgrp　fw　/company/fw/fw01 [root@localhost ~]# chgrp　fw　/company/fw/fw02 [root@localhost ~]# chgrp　sc　/company/sc/sc01 [root@localhost ~]# chgrp　sc　/company/sc/sc02 [root@localhost ~]# chmod　755　/company/yf/yf01 [root@localhost ~]# chmod　755　/company/yf/yf02 [root@localhost ~]# chmod　755　/company/fw/fw01 [root@localhost ~]# chmod　755　/company/fw/fw02 [root@localhost ~]# chmod　755　/company/sc/sc01 [root@localhost ~]# chmod　755　/company/sc/sc02 [root@localhost ~]# su　yf01 [yf01@localhost root]$ cd　/company/yf/yf02 [yf01@localhost yf02]$ cd　/company/fw/fw01 bash: cd: /company/fw/fw01: 权限不够	yf01 目录归属 yf01 用户 yf02 目录归属 yf02 用户 fw01 目录归属 fw01 用户 fw02 目录归属 fw02 用户 sc01 目录归属 sc01 用户 sc02 目录归属 sc02 用户 yf01 目录归属 yf 用户组 yf02 目录归属 yf 用户组 fw01 目录归属 fw 用户组 fw02 目录归属 fw 用户组 sc01 目录归属 sc 用户组 sc02 目录归属 sc 用户组 设置 yf01 目录权限 设置 yf02 目录权限 设置 fw01 目录权限 设置 fw02 目录权限 设置 sc01 目录权限 设置 sc02 目录权限 切换到 yf01 用户验证 切换到 yf02 目录 切换到 fw01 目录

【任务拓展】

根据高校要求，现需要对目录和文件实现分级分部门管理，每个部门拥有一个独立的文件夹，部门之间不能访问对方文件夹。另外，每位教师都有所属部门的文件夹，相同部门不同教师之间可以查看对方的文件夹，但不可修改，教师只能修改自己的文件夹。各学院教师和目录分配情况如表 7-6 所示。

表 7-6　各学院教师和目录分配情况

二级学院名称	员工账号	目录名称	备注
物联网学院	wlw01	wlw01	新增
	wlw02	wlw02	新增
电子工程学院	dz01	dz01	新增
	dz02	dz02	新增
	dz03	dz03	新增
通信工程学院	tx01	tx01	新增
	tx02	tx02	新增
幼儿教育学院	yj01	yj01	新增
	yj02	yj02	新增
	yj03	yj03	新增

任务 8　目录和文件特殊权限管理

【任务介绍】

企业为了便于每位员工设置自己的登录密码，现定于周一上午 8：00 至 10：00 期间开放密码设置权限，同时，企业为了收集员工意见和建议，促进企业健康发展，特指定 /company/suggest 目录，用来保存员工建议文件，但不允许删除他人的文件。另外，企业研发部为了提升软件和硬件开发之间的效率，创建一个共享目录/company/research，现指定 yf_soft 和 yf_hard 两个人负责协调工作，单独建立一个 research 组，共享目录只有两人具有权限，且互相可以修改对方文件，其他人无法访问。

【任务分析】

要实现该企业相关人员特殊权限的设置，可以按以下几个步骤进行操作：

步骤一：设置普通用户密码权限。

步骤二：设置公共目录权限。

步骤三：设置研发部专用目录权限。

【必备知识】

完成本任务需要掌握的必备知识见 8.1～8.6 节。

8.1　SUID 权限

1. SUID 权限的作用

SUID 是 Set User ID 的简称，它是一种对二进制程序进行设置的特殊权限，可以让二进制程序的执行者临时拥有所属用户的权限。

2. SUID 权限设置格式

SUID 权限设置可以用文字表示法或数字表示法，其命令格式如表 8-1 所示。

表 8-1　SUID 权限设置格式

文字表示法	数字表示法	命令功能
chmod　u+s　文件名	chmod　4xxx　文件名	添加 SUID 权限
chmod　u-s　文件名	chmod　0xxx　文件名	取消 SUID 权限

3. 命令案例

案例：在 Linux 中，所有账号的密码记录在 /etc/shadow 这个文件中，并且只有 root 可以读该文件。增加普通用户 admin 查看 /etc/shadow 文件内容，实现代码与结果如下：

```
[root@localhost ~]# ll   /bin/cat                                //查看文件属性
-rwxr-xr-x. 1 rootroot 54160 10 月 31   2018   /bin/cat
[root@localhost ~]# chmod   4755   /bin/cat                      //设置特殊文件
[root@localhost ~]# ll   /bin/cat                                //查看文件
-rwsr-xr-x. 1   root   root   54160   10 月   31   2018   /bin/cat
[root@localhost ~]# su   admin
[admin@localhost root]$ cat   /etc/shadow
root:$6$1RIz3FChqcyxtmu/$oL7H9Si9szlr69T0UpGPRl9baIa43S07uP5V8GIFhhWBeX/aj1CBV8z
89wjO6JKNGjGL8PZiM2xxe4nrvsbGj1::0:99999:7:::
bin:*:17834:0:99999:7:::
daemon:*:17834:0:99999:7:::
```

在 Linux 系统中查看文件内容可以使用 cat 命令，cat 命令所在路径是/bin/cat。

代码具体解释如下：

(1) 执行命令“ll　/bin/cat”，查看文件属性。

(2) 执行命令“chmod　4755　/bin/cat”，可以给 cat 命令设置 SUID 权限。

(3) 执行命令“ll　/bin/cat”，可以看到文件属性中所有者权限 x 变为了 s，表示 SUID 权限生效。

(4) 执行命令“su　admin”，切换到普通用户 admin。

(5) 执行命令“cat　/etc/shadow”，可以看到普通用户 admin 也可以读取/etc/shadow 文件中的内容。

注意，这样做非常不安全，应尽快使用命令“chmod　u-s　/bin/cat”把 cat 的 SUID 权限移除掉。

8.2　SGID 权限

1. SGID 权限的作用

SGID 是 Set Group ID 的简称，它是让执行者临时拥有所属组的权限，即在某个目录下创建的文件自动继承该目录的用户组(只可以对目录进行设置)。

2. SGID 权限设置格式

SGID 权限设置可以用文字表示法或数字表示法，其命令格式如表 8-2 所示。

表 8-2　SGID 权限设置格式

文字表示法	数字表示法	命令功能
chmod　g+s　文件名	chmod　2xxx　文件名	添加 SGID 权限
chmod　g-s　文件名	chmod　0xxx　文件名	取消 SGID 权限

3. 命令案例

案例：使用 admin 用户登录，创建 /mnt/test 目录，要求该目录下创建的文件都具有 admin 组的属性，实现代码与结果如下：

```
[root@localhost ~]# chmod　777/mnt                          //设置目录权限
[root@localhost ~]# su　admin                               //切换用户
[admin@localhost root]$ mkdir　/mnt/test                    //创建目录
[admin@localhost root]$ ll　-d　/mnt /test                  //查看目录
drwxrwxr-x. 2 admin admin 6 3 月　4　08:56　/mnt /test
[admin@localhost root]$ exit                                //返回 root 用户
[root@localhost ~]# mkdir　/mnt /test/dir1                  //创建目录
[root@localhost ~]# ll　-d　/mnt/test/dir1                  //查看目录
drwxr-xr-x. 2　root　root　6　3 月　4　08:57　dir1
[root@localhost ~]# chmod　2777　/mnt/test                  //设置目录特殊权限
[root@localhost ~]# ls　-d　/mnt/test                       //查看目录
drwxrwsrwx. 2　admin　admin　37　3 月　4　08:56　/mnt/test
[root@localhost ~]# mkdir　/mnt/test/dir2                   //创建目录
[root@localhost ~]# ll　-d　/mnt/test/dir2                  //查看目录
drwxr-sr-x. 2　root　admin　6　3 月　4　08:58　dir2
```

代码具体解释如下：

(1) 执行命令“chmod　777　/mnt”，授予所有用户对/mnt 目录有所有权限。

(2) 执行命令“su　admin”，切换到 admin 用户。

(3) 执行命令“mkdir　/mnt /test”，创建/mnt /test 目录。

(4) 执行命令“ll　-d　/mnt /test”，可以看到/mnt /test 目录所属用户和所属组都是 admin。

(5) 执行命令 exit，切换回 root 用户。

(6) 执行命令“mkdir /mnt/test/dir1”，创建目录 dir1。

(7) 执行命令“ll -d /mnt/test/dir1”，可以看到 dir1 目录所属用户和所属组都是 root，不符合要求。

(8) 执行命令“chmod 2777 /mnt/test”，设置目录/mnt/test 的 SGID 权限。

(9) 执行命令“ls -d /mnt/test”，可以看到目录/mnt/test 所属组用户权限中增加了 s 权限，即 SGID 权限。

(10) 执行命令“mkdir /mnt/test/dir2”，创建测试目录 dir2。

(11) 执行命令“ll -d /mnt/test/dir2”，可以看到此时创建 dir2 目录所属组是 admin。

8.3 SBIT 权限

1. SBIT 权限的作用

SBIT 是 StickBIT 的简称，主要用来防止其他用户修改或删除非本人的目录和文件。

2. SBIT 权限设置格式

SBIT 权限设置可以用文字表示法或数字表示法，其命令格式如表 8-3 所示。

表 8-3 SBIT 权限设置格式

文字表示法	数字表示法	命令功能
chmod o+t 文件名	chmod 1xxx 文件名	添加 SBIT 权限
chmod o-t 文件名	chmod 0xxx 文件名	取消 SBIT 权限

3. 命令案例

案例：在日常工作中，有时会建立公共目录，提供给用户使用，但为了确保各自文件的独立性，不允许其他用户删除非本人创建的文件，可以设置 SBIT 权限来实现。例如，禁止其他用户删除/opt 目录下非本人创建的文件，实现代码与结果如下：

```
[root@localhost ~]# su user1                              //切换用户
[user1@localhost root]$ touch /opt /file1                 //创建文件
[root@localhost ~]# exit                                  //返回 root 用户
[root@localhost ~]# chmod 1777 -R /opt                    //设置目录特殊权限
[user1@localhost root]$ ll /opt /file1                    //查看目录权限
-rwxrwxrwt. 1 user1 user1 03 月 4 10:12 /opt /file1
[root@localhost ~]# su admin                              //切换用户
[admin@localhost root]$ rm /opt/file1                     //删除文件
rm: 无法删除"/opt/file1": 不允许的操作
```

代码具体解释如下：

(1) 执行命令“su user1”，切换到 user1 用户。

(2) 执行命令“touch /opt/file1”，创建 file1 文件。

(3) 执行命令“exit”，切换回 root 用户。

(4) 执行命令“chmod 1777 -R/opt”，设置目录/opt 的 SBIT 权限。

(5) 执行命令“ll /opt/file1”，可以看到 file1 文件其他用户权限中增加了 t，即 SBIT 权限。

(6) 执行命令“su admin”，切换到 admin 用户。

(7) 执行命令“rm /opt/file1”，尝试删除 file1 文件，由于增加了 SBIT 权限，admin 用户无法删除 user1 用户创建的文件。同样的，也无法删除其他用户创建的文件。

8.4 ACL 权限

ACL 的全称是 Access Control List(访问控制列表)，一个针对文件/目录的访问控制列表，为文件系统提供一个额外的、更灵活的权限管理机制。ACL 允许给任何的用户或用户组设置任何文件/目录的访问权限，只有 root 用户可以定义 ACL。

例如，默认情况下一个文件需要设置 3 个权限组：owner、group 和 other，而使用 ACL，可以增加权限给其他用户或组别，可以允许指定的用户 A、B、C 拥有写权限而不再是让整个组拥有写权限。

8.5 查看 ACL 权限(getfacl)

1. 命令作用

getfacl 命令主要用来查看 ACL 权限。

2. 命令格式

getfacl 命令的格式为“getfacl [选项] 文件名”。

3. 命令选项

getfacl 命令选项及含义如表 8-4 所示。

表 8-4 getfacl 命令选项及含义

选项名称	选 项 含 义
-a	仅显示文件访问控制列表
-c	不显示注释表头
-d	仅显示默认的访问控制列表
-e	显示所有的有效权限
-n	显示数字的用户/组标识
-t	使用制表符分隔的输出格式

4. 命令案例

案例 1：简要查看 /etc 目录的 ACL 权限，实现代码与结果如下：

```
[root@localhost ~]# getfacl /etc                    //简要查看目录 ACL 权限
getfacl: Removing leading '/' from absolute path names
# file: etc
# owner: root
```

```
# group: root
user::rwx
group::r-x
other::r-x
```

在 Linux 系统中，利用 ACL 权限的设置，可以实现针对性的用户权限设置。对于 ACL 权限，可以通过 getfacl 命令进行查看。执行命令“getfacl　/etc”，可以查看 /etc 目录的权限，从结果上看，第一行表示 ACL 权限获取方式，第二行到第四行分别表示文件名称、所属用户、所属组，下面的内容是当前文件的具体权限。user::rwx 表示所有者有可读可写可执行权限，group::r-x 表示所属组中用户有可读可执行权限，other::r-x 表示所属组外其他用户有可读可执行权限。

案例 2：查看 /etc 目录的 ACL 权限，不显示注释表头，实现代码与结果如下：

```
[root@localhost ~]# getfacl   -c   /etc                //查看目录 ACL 权限，不显示注释表头
getfacl: Removing   leading   '/'   from   absolute   path   names
user::rwx
group::r-x
other::r-x
```

使用 getfacl 命令，加上 -c 选项，可以在查看文件的权限时，不显示注释表头。执行命令“getfacl　-c　/etc”，从查询结果上看，没有原来的第二行到第四行的内容。

案例 3：查看 /etc 目录的有效 ACL 权限，实现代码与结果如下：

```
[root@localhost ~]# getfacl   -e   /etc              //查看有效 ACL 权限
getfacl: Removing   leading   '/'   from   absolute   path   names
# file: etc
# owner: root
# group: root
user::rwx
group::r-x
other::r-x
```

使用 getfacl 命令时，加上 -e 选项，可以查看文件或目录的有效权限。执行命令“getfacl　-e　/etc”，可以看到 /etc 目录所属用户、所属用户组和其他用户的有效权限分别为 rwx、r-x、r-x。

案例 4：使用制表符分隔格式查看 /etc 目录的 ACL 权限，实现代码与结果如下：

```
[root@localhost ~]# getfacl   -t   /etc              //使用制表符格式查看目录 ACL 权限
getfacl: Removing   leading   '/'   from   absolute   path   names
# file: etc
USER     root     rwx
GROUP    root     r-x
other             r-x
```

使用 getfacl 命令时，加上 -t 选项，可以按照制表分隔的方式查看文件或目录的权限。执行命令“getfacl -t /etc”，执行结果中 /etc 目录的权限显示比较整齐，便于阅读。

8.6 设置 ACL 权限(setfacl)

1. 命令作用

setfacl 命令主要用来设置 ACL 权限。

2. 命令格式

setfacl 命令的格式为“setfacl [选项] 文件名”。

3. 命令选项

setfacl 命令选项及含义如表 8-5 所示。

表 8-5 setfacl 命令选项及含义

选项名称	选 项 含 义
-b	删除所有扩展访问控制列表条目
-d	应用到默认访问控制列表的操作
-k	移除默认访问控制列表
-m	更改文件的访问控制列表
-R	递归操作子目录
-x	根据文件中访问控制列表移除条目

4. 命令案例

案例 1：新增用户 user2，设置 user2 用户对 /etc 目录只有可读权限，实现代码与结果如下：

```
[root@localhost ~]# useradd    user2                              //新增用户
[root@localhost ~]# setfacl   -m   u:user2:r   /etc              //设置目录 ACL 权限
[root@localhost ~]# getfacl   -c   /etc                           //查看目录 ACL 权限
getfacl: Removing leading '/' from absolute path names
user::rwx
user:user2:r--
group::r-x
mask::rwx
other::r-x
```

使用 setfacl 命令时，加上 -m 选项，用于更改文件的访问控制列表，后面需要加上匹配的 ACL 规则。执行命令“setfacl -m u:user2:r /etc”，其中，“u:user2:r”表示权限设置的方式，之间利用“：”隔开，u 表示指定用户权限，user2 表示具体的用户名，r 表示该用户有可读权限，这样就单独设置 user2 用户对 /etc 目录的权限；使用命令“getfacl　-c　/etc”，显示结果中“user:user2:r--”这一行表示 user2 用户对该目录只有可读权限。

案例 2：新增用户 user3，设置 user3 用户对 /etc 目录及子目录具有读写权限，实现代码与结果如下：

```
[root@localhost ~]# useradd    user3                        //新增用户
[root@localhost ~]# setfacl   -m   u:user3:rw   -R   /etc   //设置目录 ACL 权限
[root@localhost ~]# getfacl   -c   /etc                     //查看目录 ACL 权限
getfacl: Removing leading '/' from absolute path names
user::rwx
user:user2:r--
user:user3:rw-
group::r-x
mask::rwx
other::r-x
```

使用 setfacl 命令时，加上 -R 选项，可以递归处理目录及子目录内容。执行命令“setfacl　-m　u:user3:rw　-R　/etc”，可以设置 user3 用户对/etc 目录及目录下的内容具有可读可写可执行权限；使用命令“getfacl　-c　/etc”，显示结果中“user:user3:rw-”这一行表示 user3 用户对该目录有可读可写权限。

案例 3：新增 group1 用户组，设置 group1 组中所有用户对 /etc 目录及子目录具有任何权限，实现代码与结果如下：

```
[root@localhost ~]# groupadd    group1                      //新增用户组
[root@localhost ~]# setfacl   -m   g:group1:rwx   /etc      //设置目录 ACL 权限
[root@localhost ~]# getfacl   -c   /etc                     //查看目录 ACL 权限
getfacl: Removing leading '/' from absolute path names
user::rwx
user:user2:r--
user:user3:rw-
group::r-x
group:group1:rwx
mask::rwx
other::r-x
```

执行命令“setfacl　-m　g:group1:rwx　/etc”，其中，“g:group1:rwx”表示权限设置的方式，g 表示指定用户组权限，group1 表示具体的用户组名，rwx 表示该用户组有可读可写可执行权限，这样就单独设置 group1 用户组对 /etc 目录的权限；使用命令“getfacl　-c　/etc”，显示结果中“group:group1:rwx”这一行表示 usergroup1 用户组对该目录有可读可写可执行权限。

【任务实施】

任务 8 的实施过程如表 8-6 所示。

表 8-6　任务 8 的实施过程

操作步骤	操 作 过 程	操 作 说 明
步骤一： 设置普通 用户密码 权限。	[root@localhost ~]# chmod　u+s　/usr/bin/passwd [root@localhost ~]# ll　/usr/bin/passwd -rwsr-xr-x. 1 root root 27832 6 月　10 2014/usr/bin/passwd [root@localhost ~]# su　yf01 [dwl@localhost root]$ passwd 更改用户 yf01 的密码。 为 yf01 更改 STRESS 密码。 (当前)UNIX 密码： 新的 密码： 重新输入新的 密码： passwd：所有的身份验证令牌已经成功更新。 [root@localhost ~]# chmod　u-s　/usr/bin/passwd [root@localhost ~]# ls　-ld　/usr/bin/passwd -rwxr-xr-x. 1 root root 27832 6 月　10 2014 /usr/bin/passwd	设置 SUID 权限 查看目录权限 切换到 yf01 用户验证 修改密码 输入原密码 输入新密码 重新输入新密码 取消 SUID 权限 查看目录权限
步骤二： 设置公共 目录权限。	[root@localhost ~]# mkdir　/company/suggest [root@localhost ~]# chmod　1777　/company/suggest [root@localhost ~]# su　yf01 [yf01@localhost root]$ cd　/company/suggest [yf01@localhost suggest]$ touch　yf01 [yf01@localhost suggest]$ exit exit [root@localhost ~]# su　yf02 [yf02@localhost root]$ cd　/company/suggest [yf02@localhost suggest]$ touch　yf02 [yf02@localhost suggest]$ rm　yf01 Rm：是否删除有写保护的普通空文件“yf01”？ y rm: 无法删除“yf01”：不允许的操作 [yf02@localhost suggest]$	创建 suggest 目录 设置目录 SBIT 权限 切换到 yf01 用户进行验证 切换到 suggest 目录 创建 yf01 文件 退出 yf01 用户 切换到 yf02 用户进行验证 切换到 suggest 目录 创建 yf02 文件 删除 yf01 文件

续表

操作步骤	操 作 过 程	操 作 说 明
	[root@localhost ~]# groupadd research	创建 research 组
	[root@localhost ~]# useradd -G research yf _soft	创建 yf_soft 用户
	[root@localhost ~]# useradd -G research yf_hard	创建 yf_ hard 用户
	[root@localhost ~]# mkdir /company/research	创建 research 目录
	[root@localhost ~]# chgrp research /company/research	将目录添加到组
	[root@localhost ~]# chmod 2770 /company/research	设置目录 SGID 权限
	[root@localhost ~]# ls -ld /company/research	查看目录权限
	drwxrws---. 2 root research 19 1 月 17 14:57 /company/research	
	[root@localhost ~]# su yf_soft	切换到 yf_soft 用户验证
	[yf_soft@localhost root]$ cd /company/ research	切换到 research 目录
	[yf_soft@localhost research]$ echo hello> test1	输入内容到 test1 文件
步骤三：设置研发部专用目录权限。	[yf_soft@localhost research]$ cat test1	显示 test1 文件内容
	hello	
	[yf_soft@localhost research]$ exit	退出 yf_soft 用户
	exit	
	[root@localhost ~]# su yf_hard	切换到 yf_hard 用户验证
	[yf_hard@localhost root]$ echo hi >> /company/research/test1	追加内容到 test1 文件
	[yf_hard@localhost root]$ cat /company/research/test1	显示 test1 文件内容
	hello	
	hi	
	[yf_hard@localhost root]$ exit	退出 yf_hard 用户
	exit	
	[root@localhost ~]# su yf01	切换到 yf01 用户验证
	[yf01@localhost root]$ echo bye > /company/research/test1	输入内容到 test1 文件
	bash: /company/research/test1: 权限不够	

【任务拓展】

学校为了便于每位员工查看自己的密码，现定于周一 16：00 至 17：00 期间开放/etc/shadow 文件的查看权限，其他时间不允许查看。同时，通信工程学院为了收集教师意见和建议，特指定/hcit/tx/comunication 目录，用来保存员工建议文件，但不允许删除他人的文件。另外，建立一个 interactive 组和/hcit/ interactive 目录，该目录只有 interactive 组的教师具有权限，其他人无法访问。

【项目四习题】

一、选择题

1. 下面列出的文件，(　　)是链接文件。

A. 7-rw-r--r--.　1　root root　433　10 月　31　2018　radvd.conf

B. 7drwxr-xr-x.　3　root root　27　2 月　13　23:40　ras

C. 7lrwxrwxrwx. 1　root root　10　2 月　13　23:33　rc0.d -> rc.d/rc0.d

D. 7-rw-r--r--.　1　root root　1523　4 月　11　2018　usb_modeswitch.conf

2. 下列关于 Linux 文件或目录权限的说法错误的是(　　)。

A. 可执行权限表示允许将该文件作为一个程序执行

B. 文件或目录的访问权限分为只读、只写、可执行三种

C. 只读权限表示只允许读其内容，而禁止对其做任何的更改操作

D. 可读权限表示允许将该文件作为一个程序执行

3. 某文件的权限为 rw-r--r--，用数字表示法表示该文件的权限是(　　)。

A. 755　　B. 655　　C. 644　　D. 744

4. 设置所有用户都对/mnt/file 文件可读可写的命令是(　　)。

A. chmod　555　/mnt/file　　B. chmod　655　/mnt/file

C. chmod　a=rw　/mnt/file　　D. chmod　a=777　/mnt/file

5. 下面命令中，可以修改一个文件的所属用户和所属组的是(　　)。

A. chmod　　B. chown　　C. chgrp　　D. setfacl

二、判断题

1. Linux 系统中的可执行程序运行前必须赋予该文件执行权限。(　　)

2. 用 chown 命令可以更改一个文件的所属用户和所属组。(　　)

3. 用户 admin 对/testdir 目录有读写执行权限，那么 admin 可以删除该目录下的只读文件 file1。(　　)

4. 一个普通用户创建一个目录，该目录默认的权限是 rwxr-xr-x。(　　)

5. 使用 chgrp 命令，可以修改一个文件的所属用户。(　　)

三、简答题

1. 简述文件属性信息每部分的含义。

2. 如何用数字表示法表示文件权限？

3. 简述特殊权限 SUID、SGID。

项目五 Linux 磁盘管理

磁盘是存放各种文件的地方，不同类型的文件要求磁盘的格式是不一样的，不同的应用要求的磁盘空间也是不一样的。因此，作为 Linux 系统的管理员如何提高磁盘管理水平显得尤为重要，既要满足用户需求，又要提高磁盘的利用率。本项目主要介绍磁盘基础管理中的分区、格式化、挂载以及逻辑卷管理器和磁盘阵列等内容。

【知识目标】

1. 理解并掌握 Linux 系统磁盘的相关概念。
2. 熟练掌握 Linux 系统中硬盘容量查看、硬盘添加、硬盘分区、硬盘格式化的方法。
3. 熟练掌握 Linux 系统中文件系统挂载和卸载的方法。
4. 熟练掌握 Linux 系统中物理卷管理、卷组管理以及逻辑卷管理。
5. 熟练掌握 Linux 系统中软件磁盘阵列的创建及管理。

【能力目标】

1. 根据企事业单位要求，完成添加磁盘以及硬盘分区。
2. 根据企事业单位要求，完成逻辑卷的创建和管理。
3. 根据企事业单位要求，设计磁盘阵列组建方案，完成磁盘阵列创建和管理。

任务 9 Linux 系统磁盘基础管理

【任务介绍】

M 公司进行部门调整后，为了方便新增部门文件资料的存放，需要在公司服务器中再添加两块新硬盘，硬盘添加完成后先进行硬盘分区，硬盘分区方案如表 9-1 所示。技术部目前有一个 90 GB 的数据需要存放在目录/company/js/file 中，研发部暂无需求。

表 9-1 硬盘分区方案

部门名称	硬盘大小	硬盘分区	挂载目录
技术部	800 GB	一个主分区，容量为 100 GB 扩展分区，容量为 600 GB 三个逻辑分区，容量均为 100 GB	/company/js/file
研发部	3 TB	四个分区，容量均为 500 GB	

【任务分析】

要实现新增部门文件资料的存放和管理，可以分以下几个步骤：

步骤一：在虚拟机中添加两块新硬盘。

步骤二：对新添加的第一块硬盘/dev/sdb 进行分区操作。

步骤三：将 /dev/sdb 中第一个分区格式化，再挂载到目录。

步骤四：对新添加的第二块硬盘/dev/sdc 进行分区操作。

【必备知识】

完成本任务需要掌握的必备知识见 9.1～9.8 节。

9.1　Linux 文件系统简介

在 Linux 系统中有一个重要的概念：一切都是文件。Linux 文件系统中的文件是数据的集合，文件系统不仅包含着文件中的数据而且还有文件系统的结构，所有 Linux 用户和程序看到的文件、目录、软连接及文件保护信息等都存储在文件中。在 Linux 中普通文件和目录文件保存在块物理设备的磁盘上。每个 Linux 系统支持若干物理盘，每个物理盘可定义一个或者多个文件系统。

Linux 支持多种文件系统，包括 ext2、ext3、ext4、xfs、vfat、nfs 和 ISO9660 等。

1. ext 文件系统

ext 文件系统是 Linux 扩展文件系统，其中 ext2 代表第二代文件扩展系统，ext3 代表第三代文件扩展系统，ext4 代表第四代文件扩展系统。ext3 和 ex4 是 ext2 的升级版，它们采用日志式的管理机制，使文件系统具有更强的快速恢复能力。ext2 被称为索引式文件系统，而 ext3 和 ext4 被称为日志式文件系统。

ext 文件系统是 Linux 支持度最广、最完整的文件系统，但其最显著的缺点是，磁盘容量越大，格式化越慢。

2. xfs 文件系统

xfs 文件系统是一种高性能的日志文件系统，其优点是处理大文件，同时提供平滑的数据传输。ext4 文件系统中单个文件最大是 16 TB，而 xfs 文件系统可以支持 EB 级别，xfs 在很多方面确实做的比 ext4 好，从 CentOS 7.0 开始选择 xfs 作为默认的文件系统。

3. swap 文件系统

该文件系统是 Linux 中作为交换分区使用的。在安装 Linux 的时候，交换分区是必须建立的，并且它所采用的文件系统类型必须是 swap 且没有其他选择。

4. vfat 文件系统

Linux 中把 DOS 中采用的 FAT 文件系统(包括 FAT12，FAT16 和 FAT32)都称为 vfat 文件系统。

5. nfs 文件系统

nfs 文件系统是指网络文件系统，它可以在不同机器、不同操作系统之间通过网络共享文件，而且 NFS 文件系统访问速度快、稳定性高，尤其在嵌入式领域。

6. ISO9660 文件系统

ISO9660 文件系统是光盘所使用的文件系统，Linux 对光盘已有了很好的支持，它不仅可以提供对光盘的读写，还可以实现对光盘的刻录。

9.2 Linux 磁盘简介

1. 磁盘结构

磁盘是现在使用最多、性价比最高的存储介质。随着存储技术的不断发展，磁盘又分为机械硬盘和固态硬盘。

(1) 机械硬盘由碟片、机械手臂、磁头、主轴马达组成。实际的数据都是写在碟片上的，主轴马达带动碟片转动，然后通过机械手臂上的磁头进行读写操作。

由于碟片是圆的，因此以转圈的方式进行数据读写。如图 9-1 所示，在碟片同心圆上面切出一个一个的小区块，这些小区块整合成一个圆形，让机器手臂上的磁头去存取，这个小区块就是硬盘的最小物理储存单位，称之为扇区(sector)。每个扇区的大小一般是 512B；在一个同心圆的扇区组合成的圆就是磁道(track)；单一的碟片容量有限，硬盘内部会有多个的碟片，因此在所有碟片上面的同一个磁道组合成柱面 (cylinder)。

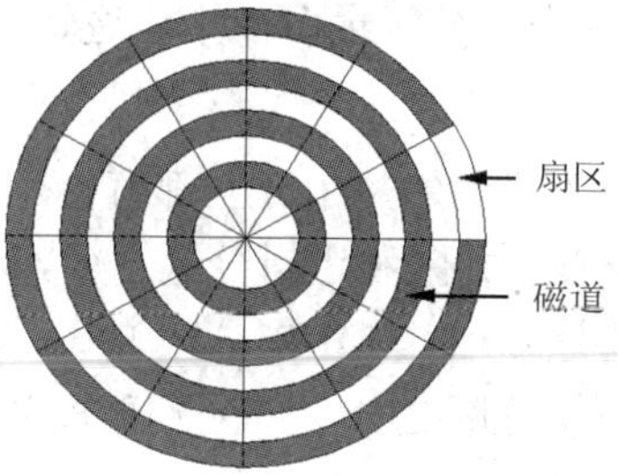

图 9-1 扇区和磁道

(2) 固态硬盘是用固态电子存储芯片阵列而制成的硬盘，区别于机械硬盘，整个固态硬盘结构中无机械装置，由主控芯片、闪存颗粒、固件算法构成。它们的功能如下：

主控芯片负责合理调配数据在各个闪存上的负荷，同时承担了整个数据中转，连接闪存芯片和外部 SATA 接口。

闪存颗粒用于存储用户的数据，它是 SSD 的存储媒介。

固件是确保 SSD 性能的最重要组件，用于驱动控制器。主控芯片将使用固件算法中的控制程序，执行自动信号处理、耗损平衡、错误校正码(ECC)和坏块管理等任务。

2. 硬盘接口

常见的机械硬盘的接口主要有 IDE、SATA、SCSI、SAS 等。其中 IDE 和 SATA 接口硬盘多用于家用产品中，SATA 具备了更高的传输速度和更强的纠错能力，目前已经取代了大部分 IDE 接口；SCSI 广泛应用在服务器上，具有应用范围广、多任务、带宽大、CPU

占用率低及热插拔等优点，理论传输速度达到 320 MB/s；SAS 是新一代的 SCSI 技术，和现在流行的 SATA 相同，都是采用串行技术以获得更高的传输速度，并通过缩短连接线改善存储系统的效能、可用性和扩充性，并且提供与 SATA 硬盘的兼容性。

在 Linux 系统中，硬盘设备的文件都在/dev 目录中，每个设备都被当成一个文件。IDE 接口类型的硬盘设备映射的文件名称前缀为“hd”，SCSI、SATA、SAS 等接口的硬盘设备映射的文件名称前缀为“sd”(部分虚拟机或者云主机可能为“vd”)，后面从“a”开始一直到“z”用来区分不同的硬盘设备。那么本系统中第一块硬盘的文件名就是/dev/sda。如果再新添加一块硬盘，第二块硬盘的文件名就是/dev/sdb。

3. 硬盘分区类型

分区就是将一个硬盘驱动器分成若干个逻辑驱动器，每一个硬盘分区的索引称为分区表，分区的信息都会写进分区表。分区类型有两种：MBR(Master Boot Record)和 GPT(GUID Partition Table)。

1) MBR 分区

MBR 的意思是“主引导记录”，它是存在于驱动器开始部分的一个特殊的启动扇区。这个扇区包含了已安装的操作系统的启动加载器和驱动器的逻辑分区信息。MBR 支持最大 2TB 磁盘，MBR 格式的磁盘分区主要分为主分区(primary partion)、扩展分区(extension partion)、逻辑分区(logical partion)。主分区数量不能大于 4 个，扩展分区最多只能有一个，在扩展分区上可以创建多个逻辑分区，逻辑分区数量视磁盘类型而定。

如果是 SCSI 接口硬盘则最多 16 个分区，其中主分区最多 4 个，逻辑分区最多 12 个。IDE 接口硬盘最多 64 个分区，其中主分区最多 4 个，逻辑分区最多 60 个。

2) GPT 分区

GPT 意为 GUID 分区表，驱动器上的每个分区都有一个全局唯一的标识符(GUID)。支持的最大磁盘可达 18 EB，它没有主分区和逻辑分区之分，每个硬盘最多可以有 128 个分区，具有更强的兼容性，并且将逐步取代 MBR 分区方式。GPT 分区与 MBR 分区区别在于，没有主分区、扩展分区和逻辑分区之分，分区号直接从 1 开始累加一直到 128。

9.3　硬盘容量查看

在了解文件系统后，下面介绍如何查询文件系统的总容量和每个目录所占的容量。在 Linux 系统中，硬盘容量查看通常使用 df、du 命令。其中 df 命令侧重于查询文件系统级别的磁盘占用，而 du 命令侧重于查询文件和目录的磁盘占用。

1. 硬盘容量查看(df)

1) 命令作用

df 命令用来显示 Linux 系统中文件系统的硬盘空间占用情况，包括文件系统所在硬盘分区的总容量、已使用的容量、剩余容量等。默认情况下，以 KB 为单位显示容量大小，如果没有指定具体文件名，则所有当前被挂载的文件系统的可用空间将被显示。

2) 命令格式

df 命令的格式为 df　[选项]。

3) 命令选项

df 命令选项及含义如表 9-2 所示。

表 9-2　df 命令选项

选项名称	选 项 含 义
-a	显示全部文件系统列表
-h	以 KB、MB、GB 等单位显示容量
-T	显示文件系统类型
-l	只显示本地文件系统
-t<文件系统类型>	只显示选定文件系统的信息
-x <文件系统类型>	不显示选定文件系统的信息

注：不加任何选项时，显示文件系统的磁盘使用情况。

4) 命令案例

案例 1：显示文件系统的磁盘使用情况，实现代码与结果如下：

```
[root@localhost ~]# df
文件系统                      1K-块      已用      可用   已用%  挂载点
/dev/mapper/centos-root  17811456  3662680  14148776    21%   /
devtmpfs                  1996104        0   1996104     0%   /dev
tmpfs                     2013172        0   2013172     0%   /dev/shm
tmpfs                     2013172    12492   2000680     1%   /run
tmpfs                     2013172        0   2013172     0%   /sys/fs/cgroup
/dev/sda1                 1038336   169456    868880    17%   /boot
tmpfs                      402636       12    402624     1%   /run/user/42
tmpfs                      402636        0    402636     0%   /run/user/0
```

使用 df 命令，在不加任何选项参数的情况下，可以显示文件系统的磁盘使用情况，显示结果的第 1 列是代表文件系统对应的设备文件的路径名；第 2 列给出分区包含的数据块(1024 字节)的数目；第 3、4 列分别表示已用的和可用的数据块数目；第 5 列表示已使用空间的百分比；第 6 列表示文件系统的挂载点。

案例 2：以常见容量单位显示文件系统的磁盘使用情况，实现代码与结果如下：

```
[root@localhost ~]# df   -h
文件系统                  容量    已用    可用   已用%   挂载点
/dev/mapper/centos-root   17G    3.5G    14G    21%     /
devtmpfs                  2.0G      0    2.0G     0%     /dev
tmpfs                     2.0G      0    2.0G     0%     /dev/shm
tmpfs                     2.0G    13M    2.0G     1%     /run
tmpfs                     2.0G      0    2.0G     0%     /sys/fs/cgroup
/dev/sda1               1014M   166M    849M    17%     /boot
```

```
tmpfs                  394M   12K    394M    1%    /run/user/42
tmpfs                  394M     0    394M    0%    /run/user/0
```

使用 df 命令时，加上 -h 选项，以 MB、GB 为单位来显示文件系统的磁盘使用情况。执行命令“df　-h”，这样得到的显示结果可读性高，另外显示结果的第二列名称也变为了“容量”。

案例 3：显示文件系统类型，实现代码与结果如下：

```
[root@localhost ~]# df   -T
文件系统                  类型       1K-块      已用       可用     已用%  挂载点
/dev/mapper/centos-root   xfs        17811456   3662680   14148776   21%   /
devtmpfs                  devtmpfs   1996104          0    1996104    0%   /dev
tmpfs                     tmpfs      2013172          0    2013172    0%   /dev/shm
tmpfs                     tmpfs      2013172      12492    2000680    1%   /run
tmpfs                     tmpfs      2013172          0    2013172    0%   /sys/fs/cgroup
/dev/sda1                 xfs        1038336     169456     868880   17%   /boot
tmpfs                     tmpfs       402636         12     402624    1%   /run/user/42
tmpfs                     tmpfs       402636          0     402636    0%   /run/user/0
```

使用 df 命令时，加上 -T 选项，可以显示文件系统的磁盘使用情况，同时显示出文件系统的类型。执行命令“df　-T”，在第二列磁盘类型中 xfs 是日志文件系统，tmpfs 是虚拟内存文件系统，devtmpfs 文件系统用于创建设备节点。

案例 4：显示系统中 xfs 文件系统的磁盘使用情况，实现代码与结果如下：

```
[root@localhost ~]# df   -t   xfs
文件系统                   1K-块      已用       可用     已用%   挂载点
/dev/mapper/centos-root   17811456   3662680   14148776   21%    /
/dev/sda1                  1038336    169456     868880   17%    /boot
```

使用 df 命令时，加上 -t 选项，可以显示指定类型磁盘。执行命令“df　-t　xfs”，可以显示出系统中 xfs 文件系统的磁盘使用情况。

案例 5：显示全部文件系统列表，实现代码与结果如下：

```
[root@localhost ~]# df   -a
文件系统          1K-块      已用      可用    已用%  挂载点
rootfs                -         -         -      -   /
sysfs                 0         0         0      -   /sys
proc                  0         0         0      -   /proc
devtmpfs        1996104         0   1996104     0%   /dev
securityfs            0         0         0      -   /sys/kernel/security
tmpfs           2013172         0   2013172     0%   /dev/shm
devpts                0         0         0      -   /dev/pts
tmpfs           2013172     12532   2000640     1%   /run
……(下面省略)……
```

使用 df 命令时，加上 -a 选项，可以显示全部文件系统列表。执行命令“df -a”，显示结果中会将很多特殊的文件系统显示出来，这些文件系统包含的大多是系统数据，它们存在于内存中，不会占用磁盘空间，因此你会看到，它们所占据的磁盘总容量为 0。

2. 硬盘容量查看(du)

1) 命令作用

du 命令可以显示指定的目录或文件所占用的磁盘空间大小。

2) 命令格式

du 命令的格式为“du [选项] 目录/文件名”。

3) 命令选项

du 命令选项及含义如表 9-3 所示。

表 9-3 du 命令选项

选项名称	选 项 含 义
-a	显示目录下每个文件所占磁盘空间大小
-h	以 KB、MB、GB 等单位显示占用磁盘空间大小
-s	显示目录占用磁盘空间大小

注：不加任何选项时，显示指定目录下每个子目录的磁盘使用情况。不加文件和目录名，默认指定当前目录下。

4) 命令案例

案例 1：显示目录/etc 及子目录所占空间大小，实现代码与结果如下：

```
[root@localhost ~]# du /etc
……(前面省略)……
16        /etc/smartmontools
4         /etc/kernel/postinst.d
4         /etc/kernel
0         /etc/cifs-utils
0         /etc/sudoers.d
38192     /etc
```

执行命令“du /etc”，可以统计目录/etc 及子目录所占空间大小，但不统计目录下文件磁盘占用量的大小。默认单位为 KB，最后一行显示/etc 目录的总大小为 39 182 KB。

案例 2：以常见容量单位显示目录/etc 及子目录所占空间大小，实现代码与结果如下：

```
[root@localhost ~]# du -h /etc
……(前面省略)……
16K       /etc/smartmontools
4.0K      /etc/kernel/postinst.d
4.0K      /etc/kernel
0         /etc/cifs-utils
0         /etc/sudoers.d
38M       /etc
```

使用 du 命令时，加上 -h 选项，以 KB、MB、GB 为单位来显示所占空间大小。执行命令“du　-h　/etc”，这样得到的显示结果可读性高。

案例 3：显示 /etc 目录容量前 5 的目录，实现代码与结果如下：

```
[root@localhost ~]# du  -h  /etc  |  sort  -rh  |  head  -5
38M       /etc
19M       /etc/selinux/targeted
19M       /etc/selinux
14M       /etc/selinux/targeted/active
9.2M      /etc/selinux/targeted/active/modules/100
```

du 命令还可以与其他命令结合使用，实现排序和筛选功能。执行命令“du　-h　/etc　|　sort　-rh　|　head　-5”，其中 sort 命令用于排序，head 命令用于显示头部信息，执行命令后，显示/etc 目录下容量前 5 的目录名称及大小，包括/etc 目录本身。

对于一个系统管理员来说，磁盘的管理是相当重要的，磁盘的相关操作主要包括磁盘添加、磁盘分区、分区格式化和文件系统挂载。

下面 9.4～9.8 节介绍在 Linux 系统中磁盘基本管理的相关操作。

9.4　硬盘添加

使用 VMWare Workstation 软件新建一个名为“任务 9”的虚拟机，系统安装完成后，在“任务 9”虚拟机中再添加两块硬盘，硬盘容量分别为 20 GB、2.5 TB。在虚拟机中添加硬盘的操作步骤如下：

步骤一，添加硬盘时，虚拟机必须处于关机状态。如果虚拟机已开启，先选中虚拟机，再选择上方菜单栏中“关机”选项，如图 9-2 所示，即可关闭该虚拟机。

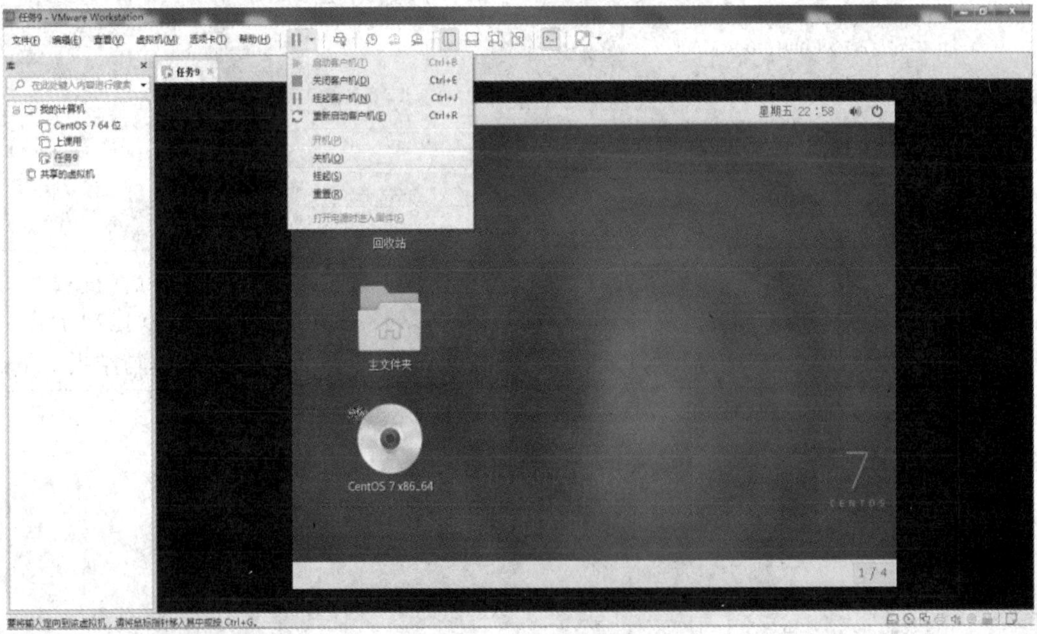

图 9-2　虚拟机关机

步骤二，右击虚拟机名字，选择“设置”选项，打开虚拟机设置界面，如图 9-3 所示。

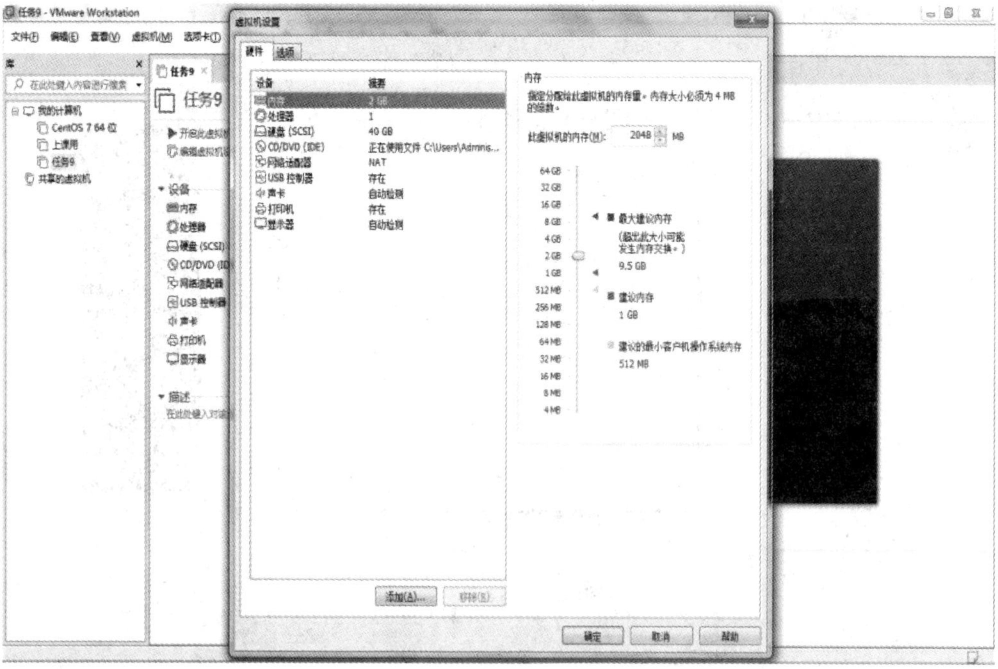

图 9-3　虚拟机设置界面

步骤三，在虚拟机设置界面中单击“添加”按钮，可以进入硬盘类型设置界面，如图 9-4 所示。

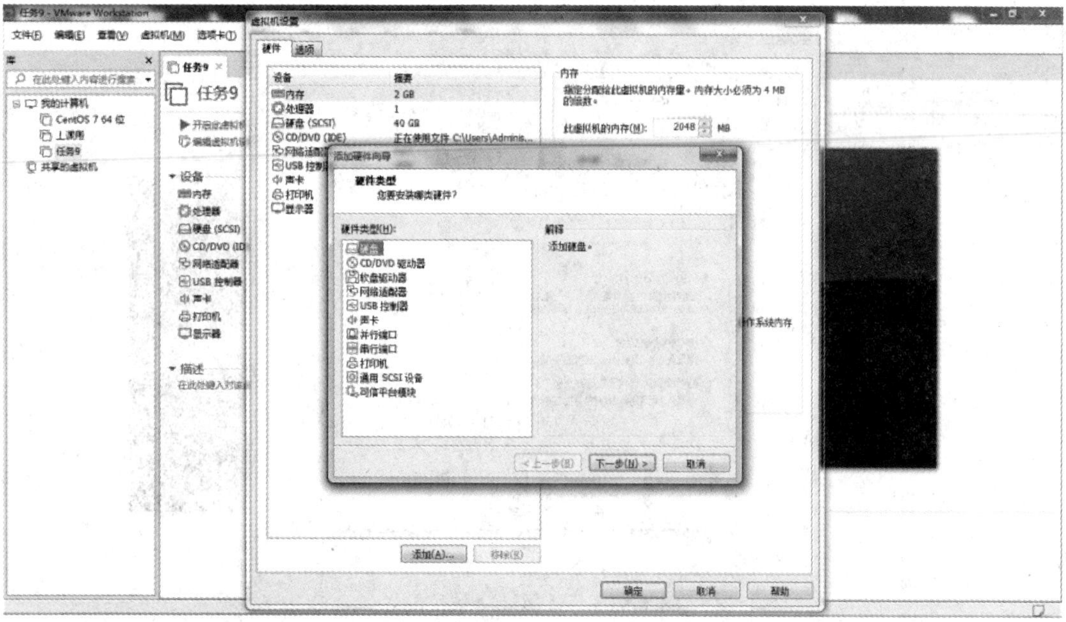

图 9-4　硬盘类型设置界面

步骤四，在硬盘类型设置界面中，选择硬件类型中的“硬盘”选项，再单击“下一步”

按钮，可以进入磁盘类型设置界面，如图 9-5 所示。

图 9-5　磁盘类型设置界面

步骤五，在磁盘类型设置界面中，选择“SCSI 类型”，再单击“下一步”按钮，可以进入磁盘创建方式设置界面，如图 9-6 所示。

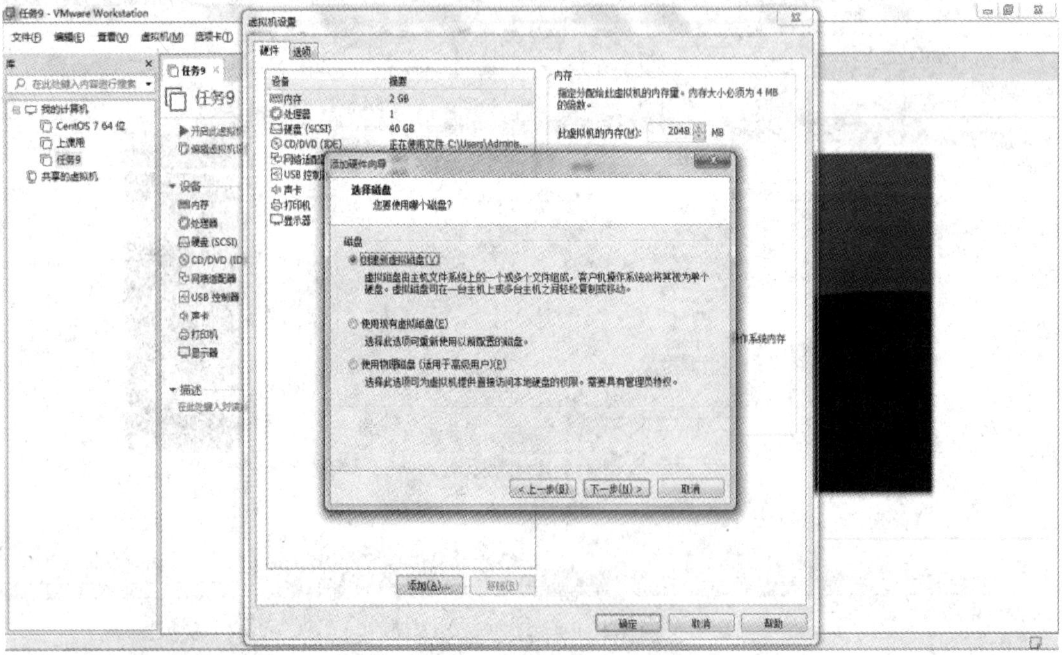

图 9-6　磁盘创建方式设置界面

步骤六，在磁盘创建方式设置界面中，选择“创建新虚拟磁盘”，再单击“下一步”按钮，可以进入磁盘容量设置界面，这里将磁盘大小设置为 20 GB，如图 9-7 所示。

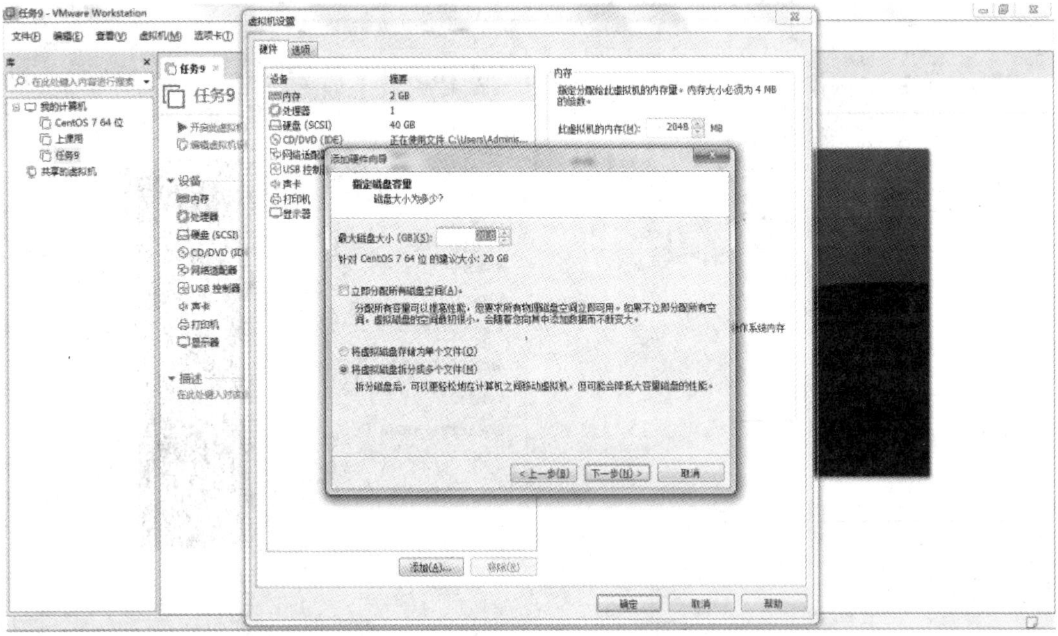

图 9-7　磁盘容量设置界面

步骤七，在磁盘容量设置界面中，设置完磁盘容量大小后，再单击“下一步”按钮，可以进入磁盘文件名设置界面，这里使用默认的文件名无需修改，如图 9-8 所示，再单击“完成”按钮，可以完成第一块 20 GB 硬盘的添加。

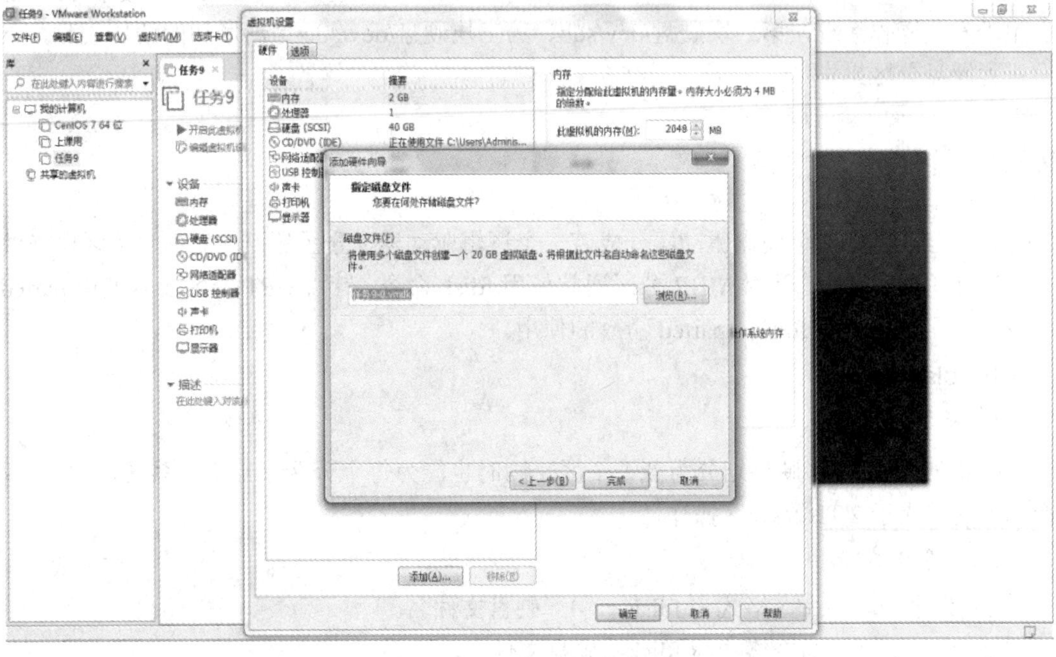

图 9-8　磁盘文件名设置界面

步骤八，按照步骤二至七，再添加一块容量为 2.5 TB 的硬盘，添加完成后，虚拟机设置界面如图 9-9 所示。

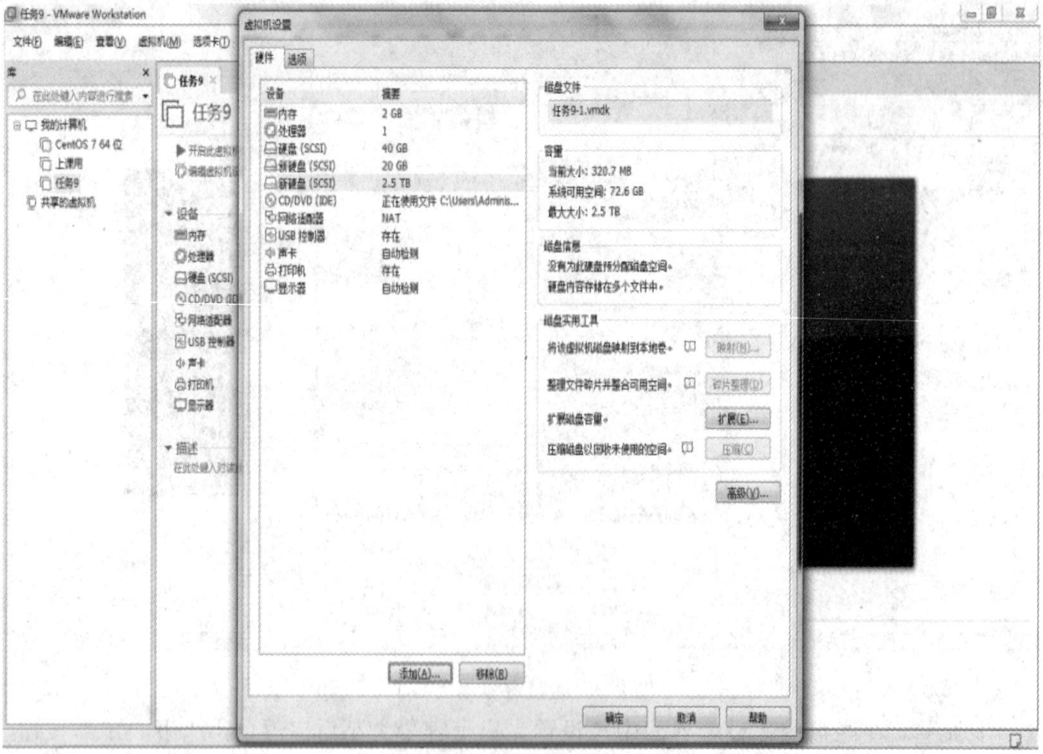

图 9-9　添加硬盘后虚拟机设置界面

从图 9-9 中可以看到，此时“任务 9”虚拟机中共有三块硬盘。其中第一块硬盘/dev/sda 已用于安装操作系统，第二块硬盘/dev/sdb、第三块硬盘/dev/sdc 是新增加的两块硬盘，下面进行硬盘分区操作。

9.5　硬盘分区

硬盘分区是将一个硬盘驱动器分成若干个逻辑驱动器，分区是把硬盘连续的区块当做一个独立的磁盘使用。针对 MBR 分区通常使用 fdisk 命令，针对 GPT 分区通常使用 parted 命令，下面具体介绍 fdisk、parted 命令的使用。

1. fdisk 命令

1) 命令作用

fdisk 命令可以将硬盘划分为若干个区，同时也能为每个分区指定文件系统，但 fdisk 命令不支持大于 2 TB 的分区操作。

2) 命令格式

(1) 列出分区的命令格式为 fdisk　-l　硬盘文件名。

(2) 更改分区的命令格式为 fdisk　硬盘文件名。

3) 交互命令

执行 fdisk 命令会进入一个交互界面，输入 m 可以看到交互命令，其中常用的交互命令及功能如表 9-4 所示。

表 9-4　fdisk 交互命令及功能

交互命令	功　　能
d	删除一个分区
l	列出已知的分区类型
m	显示帮助菜单
n	新建一个分区
p	显示分区列表
q	不保存退出
t	改变一个分区的类型
u	改变显示的单位
w	保存并退出

4) 命令案例

使用 fdisk 命令对“任务 9”虚拟机中第二块硬盘 /dev/sdb 进行分区操作，创建两个主分区，容量分别为 4 GB、6 GB，创建一个扩展分区，容量为 8 GB，最后再创建两个逻辑分区，容量分别 2 GB、4 GB。

步骤一：创建一个主分区，大小为 4 GB，实现代码与结果如下：

```
[root@localhost ~]# fdisk   /dev/sdb
命令(输入 m 获取帮助)： n                                    //新建一个分区
Partition type:
   p    primary (0 primary, 0 extended, 4 free)
   e    extended
Select (default p): p                                         //输入 p，创建主分区
分区号 (1-4，默认 1)：1
起始扇区 (2048-41943039，默认为 2048):
将使用默认值 2048
Last 扇区, +扇区 or +size{K,M,G} (2048-41943039，默认为 41943039)：+4G
分区 1 已设置为 Linux 类型，大小设为 4 GiB
```

执行命令“fdisk　/dev/sdb”，可以进入硬盘 /dev/sdb 的分区操作菜单。输入 n，表示创建一个新分区；再输入 p，表示选择创建主分区(创建扩展分区输入 e，创建逻辑分区输入 l)；再输入 1(这里默认是 1，可以直接回车使用默认值)，表示所创建主分区的分区号为 1，主分区和扩展分区可选“1-4”，逻辑分区从 5 开始。起始扇区默认为 2048 KB，结束扇区输入“+4G”，表示将这个分区的大小设置为 4 GB。

步骤二：创建第二个主分区，大小为 6 GB，实现代码与结果如下：

```
命令(输入 m 获取帮助)：n                                        //新建一个分区
Partition type:
   p   primary (1 primary, 0 extended, 3 free)
   e   extended
Select (default p): p                                          //输入 p，创建主分区
分区号 (2-4，默认 2)：2
起始扇区 (8390656-41943039，默认为 8390656)：
将使用默认值 8390656
Last 扇区, +扇区 or +size{K,M,G} (8390656-41943039，默认为 41943039)：+6G
分区 2 已设置为 Linux 类型，大小设为 6GiB
```

输入 n，表示创建一个新分区；再输入 p，表示选择创建主分区(创建扩展分区输入 e，创建逻辑分区输入 l)；再输入 2(这里默认是 2，可以直接回车使用默认值)，表示所创建主分区的分区号为 2，再将这个分区的容量大小设置为 6 GB。

步骤三：创建扩展分区，大小为 8 GB，实现代码与结果如下：

```
命令(输入 m 获取帮助)：n                                        //新建一个分区
Partition type:
   p   primary (2 primary, 0 extended, 2 free)
   e   extended
Select (default p): e                                          //输入 e，创建扩展分区
分区号(3,4，默认 3)：3
起始扇区(20973568-41943039，默认为 20973568)：
将使用默认值 20973568
Last 扇区, +扇区 or +size{K,M,G} (20973568-41943039，默认为 41943039)：+8G
分区 3 已设置为 Extended 类型，大小设为 8GiB
```

输入 n，表示创建一个新分区；再输入 e，表示选择创建扩展分区(创建主分区输入 p，创建逻辑分区输入 l)；再输入 3，表示所创建分区的分区号为 3，再将这个分区的容量大小设置为 8 GB。

步骤四：创建两个逻辑分区，大小分别为 2 GB、4 GB，实现代码与结果如下：

```
命令(输入 m 获取帮助)：n                                        //新建一个分区
Partition type:
   p   primary (2 primary, 1 extended, 1 free)
   l   logical (numbered from 5)
Select (default p): l                                          //输入 l，创建逻辑分区 5
添加逻辑分区 5
起始扇区(20975616-37750783，默认为 20975616)：
将使用默认值 20975616
Last 扇区, +扇区 or +size{K,M,G} (20975616-37750783，默认为 37750783)：+2G
```

```
分区 5 已设置为 Linux 类型，大小设为 2GiB

命令(输入 m 获取帮助)：n                                    //新建一个分区
Partition type:
   p   primary(2 primary, 1 extended, 1 free)
   l   logical(numbered from 5)
Select (default p): l                                   //输入 l，创建逻辑分区 6
添加逻辑分区 6
起始扇区(25171968-37750783，默认为 25171968)：
将使用默认值 25171968
Last 扇区, +扇区 or +size{K,M,G} (25171968-37750783，默认为 37750783)：+4G
分区 6 已设置为 Linux 类型，大小设为 4 GiB

命令(输入 m 获取帮助)：p                                    //显示分区列表
……(前面省略)……
设备 Boot        Start        End      Blocks   Id  System
/dev/sdb1         2048    8390655     4194304   83  Linux
/dev/sdb2      8390656   20973567     6291456   83  Linux
/dev/sdb3     20973568   37750783     8388608    5  Extended
/dev/sdb5     20975616   25169919     2097152   83  Linux
/dev/sdb6     25171968   33560575     4194304   83  Linux

命令(输入 m 获取帮助)：w                                    //保存并退出
The partition table has been altered!
Calling ioctl() to re-read partition table.
正在同步磁盘。
```

在 Linux 系统中，逻辑分区是创建在扩展分区中的。输入 n，表示创建一个新分区；再输入 l，表示选择创建逻辑分区(创建主分区输入 p，创建扩展分区输入 e)，再设置逻辑分区的容量大小，一共创建 2 个逻辑分区，分区号分别为 5、6，大小分别为 2 GB、4 GB；此时输入 p，可以显示/dev/sdb 中的分区列表，可以看到刚新建的 5 个分区的信息；最后输入 w，将分区信息写入磁盘分区表并退出 fdisk 命令。

另外，使用 fdisk 命令还可以修改分区的类型，例如，将 /dev/sdb 中第一个分区的类型设置为 Linux swap，实现代码与结果如下：

```
[root@localhost ~]# fdisk  /dev/sdb
命令(输入 m 获取帮助)： l                                  //列出已知的分区类型
0  空            24  NEC DOS             81  Minix / 旧 Linu bf   Solaris
1  FAT12         27  隐藏的 NTFS Win     82  Linux 交换 / So c1   DRDOS/sec (FAT-
```

```
2  XENIX root   39  Plan 9            83  Linux          c4  DRDOS/sec (FAT-
3  XENIX usr    3c  PartitionMagic    84  OS/2 隐藏的 C:  c6  DRDOS/sec (FAT-
4  FAT16 <32M   40  Venix 80286       85  Linux 扩展 c7      Syrinx
5  扩展          41  PPC PReP Boot     86  NTFS 卷集       da  非文件系统数据
……(下面省略)……

命令(输入 m 获取帮助)：t                                    //改变一个分区的类型
分区号 (1,2，默认 2)：1
Hex 代码(输入 L 列出所有代码)：82
已将分区"Linux"的类型更改为"Linux swap / Solaris"

命令(输入 m 获取帮助)：p                                    //显示分区列表
……(前面省略)……
设备 Boot        Start        End       Blocks   Id  System
/dev/sdb1          2048     8390655    4194304   83  Linux swap / solaris
/dev/sdb2       8390656    20973567    6291456   83  Linux
/dev/sdb3      20973568    37750783    8388608    5  Extended
/dev/sdb5      20975616    25169919    2097152   83  Linux
/dev/sdb6      25171968    33560575    4194304   83  Linux
命令(输入 m 获取帮助)：w                                    //保存并退出
The partition table has been altered!
Calling ioctl() to re-read partition table.
正在同步磁盘。
```

输入字母 l，可以查看已知的分区类型，可以看到 Linux swap 类型对应的 id 是 82；再输入 t，选择需要修改的分区号，再输入代码 82，即可将分区类型修改为“Linux swap / Solaris”；此时输入 p，可以显示 /dev/sdb 中的分区列表，可以看到/dev/sdb1 分区类型已经被修改；最后输入 w，将分区信息写入磁盘分区表并退出 fdisk 命令。

2. parted 命令

1) 命令作用

parted 命令用于容量大于 2 TB 的硬盘分区，对于超过 2 TB 硬盘，不能使用 fdisk 命令。

2) 命令格式

(1) 列出分区的命令格式为“parted　-l　硬盘文件名”。

(2) 更改分区的命令格式为“parted　硬盘文件名”。

3) 交互命令

执行 parted 命令会进入一个交互界面，输入 help 可以看到交互命令，其中常用的交互命令及功能如表 9-5 所示。

表 9-5 parted 交互命令及功能

交互命令	功 能
mklabel	设置分区表的格式
mkpart	创建一个分区
name NUMBER NAME	给分区命名
print	打印分区表
quit	退出 parted 命令
rm NUMBER	删除一个分区
unit UNIT	修改显示单位

3) 命令案例

使用 parted 命令对“任务 9”虚拟机中第三块硬盘/dev/sdc 进行分区操作，创建两个分区，容量均为 100 GB。

步骤一：设置分区表的格式，实现代码与结果如下：

```
[root@localhost ~]# parted /dev/sdc
(parted) mklabel
新的磁盘标签类型？ gpt                    //大于 2TB 的磁盘，应该使用 gpt 方式的分区表
```

输入 mklabel，可以设置分区表的格式，因为硬盘/dev/sdc 容量大于 2 TB，所以使用 gpt 格式的分区表。

步骤二：创建两个 100 GB 的分区，文件系统类型为 xfs，实现代码与结果如下：

```
(parted) mkpart
分区名称？ []? part1
文件系统类型？ [ext2]? xfs
起始点？ 1
结束点？ 100G
(parted) mkpart
分区名称？ []? part2
文件系统类型？ [ext2]? xfs
起始点？ 101G
结束点？ 201G
```

输入 mkpart，可以创建分区，需要依次输入分区名称、文件系统类型以及分区的起止位置。

步骤三：显示分区信息，实现代码与结果如下：

```
(parted) print
……(前面省略)……
Number  Start   End    Size     File system  Name   标志
 1      1049kB  100GB  100.0GB               part1
 2      101GB   201GB  100.0GB               part2
```

输入 print，可以打印出分区表，在输出结果中可以看到硬盘/dev/sdc 中的分区信息，part1 和 part2 两个分区已经创建成功。

另外，如果分区 2 设置错误，需要删除分区 2，实现代码与结果如下：

```
(parted) rm   2
(parted) print
……(前面省略)……
Number   Start     End     Size     File system   Name   标志
 1      1049kB   100GB  100.0GB                  part1
```

输入“rm　2”，可以删除分区 2，此时输入 print 命令，可以看到分区表中只剩下分区 1 的信息。

9.6　硬盘格式化

1. 命令作用

mkfs 命令用于对硬盘分区进行格式化，硬盘格式化其实就是创建文件系统。

2. 命令格式

mkfs 命令有两种命令格式：“mkfs　-t　文件系统类型　设备名”和“mkfs.文件系统类型　设备名”。

3. 命令案例

案例 1：将硬盘/dev/sdb 第一个分区格式化为 xfs 格式，实现代码与结果如下：

```
[root@localhost ~]# mkfs   -t   xfs   /dev/sdb1
……(前面省略)……
log       =internal log          bsize=4096    blocks=2560, version=2
          =                      sectsz=512    sunit=0 blks, lazy-count=1
realtime  =none                  extsz=4096    blocks=0, rtextents=0
```

执行命令“mkfs　-t　xfs　/dev/sdb1”，可以将 /dev/sdb1 格式化为 xfs 格式。

案例 2：将硬盘/dev/sdb 第二个分区格式化为 xfs 格式，实现代码与结果如下：

```
[root@localhost ~]# mkfs.xfs   /dev/sdb2
……(前面省略)……
log       =internal log          bsize=4096    blocks=2560, version=2
          =                      sectsz=512    sunit=0 blks, lazy-count=1
realtime  =none                  extsz=4096    blocks=0, rtextents=0
```

执行命令“mkfs.xfs　/dev/sdb2”，可以将 /dev/sdb2 格式化为 xfs 格式。

按照上述方法，将 /dev/sdb 中的其他几个分区都格式化为 xfs 格式，需要注意的是扩展分区不能进行格式化，所以 /dev/sdb3 分区是不能被格式化的。

9.7　文件系统挂载

在 Linux 系统中，对各种存储设备中的资源访问(如读取、保存文件等)都是通过目录结构进行的，因此磁盘或者分区创建好文件系统后，需要挂载到一个目录下才能像使用目录一样使用磁盘或者分区中的资源，该目录称为挂载点。

作为“挂载点”的目录需要具备以下几个条件：

(1) 挂载点目录必须存在；

(2) 挂载点目录不能被其他进程使用；

(3) 挂载点目录下原有文件将被隐藏。

由于挂载操作会使得原有目录中文件被隐藏，因此根目录以及系统原有目录都不要作为挂载点，会造成系统异常甚至崩溃，因此挂载点最好是新建的空目录。

在 Linux 系统中，文件系统挂载分为手动挂载、自动挂载。其中手动挂载是使用 mount 命令实现挂载，当系统重新启动后，手动挂载的信息失效；自动挂载是将挂载信息写入/etc/fstab 文件中，系统开机时会主动读取/etc/fstab 这个文件中的内容，根据文件内容实现自动挂载。下面具体介绍手动挂载和自动挂载的使用方法。

1. 手动挂载(mount)

1) 命令作用

mount 命令用于挂载 Linux 系统外的文件。磁盘或者分区经过格式化后，必须要挂载才能正常使用。

2) 命令格式

mount 命令的格式为“mount [选项] 设备文件名 挂载点”。

3) 命令选项

mount 命令选项及含义如表 9-6 所示。

表 9-6 mount 命令选项及含义

选项名称	选 项 含 义
-a	自动挂载所有支持自动挂载的设备
-t 文件系统	指定要挂载的设备的文件系统类型，通常不必指定
-L 卷标名	挂载指定卷标的分区
-o auto/noauto	是否允许此文件系统支持自动挂载，默认是 auto
-o dev/nodev	是否支持在此文件系统上使用设备文件
-o exec/noexec	是否允许在此文件系统中执行可执行文件，默认是 exec
-o suid/nosuid	是否支持在此文件系统上使用特殊权限，默认是具有
-oremount	重新挂载已经挂载的文件系统，一般用于指定修改特殊权限
-o rw/ro	文件挂载时，是否具有读写权限，默认是 rw
-o user/nouser	是否允许普通用户挂载

4) 命令案例

案例 1：将硬盘/dev/sdb 中第一个分区挂载至/mnt/sdb1，实现代码与结果如下：

```
[root@localhost ~]# mkdir   /mnt/sdb1                          //创建目录
[root@localhost ~]# mount   /dev/sdb1   /mnt/sdb1              //挂载目录
```

```
[root@localhost ~]# df  /dev/sdb1                                    //查看目录挂载点
文件系统                    1K-块      已用       可用     已用%   挂载点
/dev/sdb1                  3997376    16368     3754912    1%     /mnt/sdb1
```

执行命令“mount　/dev/sdb1　/mnt/cdrom”，可以将硬盘/dev/sdb 中第一个分区挂载至/mnt/sdb1；执行命令“df　/dev/sdb1”，能查询该分区挂载到哪个目录，此时在/mnt/cdrom 目录中存放数据等同于使用/dev/sdb1 分区。

案例 2：将系统中的光盘挂载至/mnt/cdrom，实现代码与结果如下：

```
[root@localhost ~]# mkdir  /mnt/cdrom                                //创建目录
[root@localhost ~]# mount  -t  iso9660  /dev/sr0  /mnt/cdrom/        //挂载目录
[root@localhost ~]# df  /dev/sr0                                     //查看目录挂载点
文件系统                  1K-块     已用         可用    已用%    挂载点
/dev/sr0                 4480476   4480476       0      100%     /mnt/cdrom
[root@localhost ~]# ll  /mnt/cdrom                                   //查看目录内容
……(前面省略)……
-rw-rw-r--. 1 root root     1690   12 月  10 2015   RPM-GPG-KEY-CentOS-7
-rw-rw-r--. 1 root root     1690   12 月  10 2015   RPM-GPG-KEY-CentOS-Testing-7
-r--r--r--. 1 root root     2883   11 月  26 2018   TRANS.TBL
```

执行命令“mount　-t　iso9660　/dev/sr0　/mnt/cdrom/”，其中 iso9660 表示标准的 cd 文件格式，将系统中的光盘挂载至/mnt/cdrom；执行命令“df　/dev/sr0”，能查询该分区挂载到哪个目录，此时看到容量已用 100%，这是因为使用的是 DVD 光盘，是无法写入的；执行命令“ll　/mnt/cdrom”，可以看到/mnt/cdrom 中的内容，这就是光盘中的内容。

案例 3：在 root 家目录下有一个镜像文件 CentOS-7.iso，将这个镜像文件挂载到/mnt/centos7，实现代码与结果如下：

```
[root@localhost ~]# mkdir  /mnt/centos7                              //创建目录
[root@localhost ~]# mount  -o  loop  CentOS-7.iso  /mnt/centos7      //挂载目录
[root@localhost ~]# df  /mnt/centos7                                 //查看目录挂载点
文件系统                   1K-块     已用          可用   已用%   挂载点
/dev/loop0                4480476   4480476        0     100%    /mnt/centos7
[root@localhost ~]# losetup  -a                                      //查看回环设备
/dev/loop0: [64768]:33575023 (/root/CentOS-7.iso)
```

回环设备是一种伪设备，是使用文件来模拟块设备的一种技术，文件模拟成块设备后，就像一个磁盘或光盘一样使用。回环设备以 /dev/loop0、/dev/loop1 等命名，每个设备可虚拟一个块设备，而且只有 root 用户才有权限设置回环设备。

使用 mount 命令，加上“-o　loop”选项参数，可以将镜像文件挂载到目录。执行命令“mount　-o　loop　CentOS-7.iso　/mnt/centos7”，可以将镜像文件 CentOS-7.iso 挂载到/mnt/centos7；执行命令“df　/mnt/centos7”，能查询挂载到哪个目录，其中/dev/loop0 表示系统中第一个回环设备名；执行命令“losetup -a”可以查看当前系统所有的回环设备，当前系统中只有这一个回环设备。

2. 自动挂载

1) 自动挂载信息文件

自动挂载是将挂载信息写在/etc/fstab 文件中，系统开机时会主动读取/etc/fstab 这个文件中的内容，根据文件里面的配置实现自动挂载。

/etc/fstab 文件内容如下所示：

```
[root@localhost ~]# cat/etc/fstab                                   //查看目录内容
……(前面省略)……
/dev/mapper/centos-root /                             xfs     defaults     0  0
UUID=add8591a-7cee-4ef3-9ac1-9eefa1f845ba /boot       xfs     defaults     0  0
/dev/mapper/centos-swap swap                          swap    defaults     0  0
```

文件中，以#开头是关于这个文件的相关信息，无需太多关注。最下面三行是当前系统中的自动挂载信息，挂载信息的基本格式如下：

[磁盘设备文件名或 UUID] [挂载点] [文件系统] [文件系统参数] [dump] [fsck]

第一列是硬盘设备文件名或者 UUID，可以使用命令 blkid 查看硬盘设备的 UUID。

注意：在真实的服务器中，一旦硬盘的插槽发生变化，设备文件名是会改变的，而 UUID 是每个设备的唯一标识符，因此使用 UUID 挂载就不用担心这样的问题。

第二列是设备的挂载点，就是要挂载到哪个目录下，挂载点必须是已经存在的目录。

第三列是文件系统格式，包括 ext4、xfs、nfs、vfat 等。

第四列是文件系统参数，一般设置为 defaults。常用的文件系统参数如表 9-7 所示。

表 9-7 文件系统参数及含义

文件系统参数	参 数 含 义
async/sync	设置是否为同步方式运行，默认为 async
auto/noauto	使用 mount -a 的命令时，是否被主动挂载，默认为 auto
rw/ro	是否以只读或者读写模式挂载
exec/noexec	限制此文件系统内是否能够进行“执行”的操作
user/nouser	是否允许用户使用 mount 命令挂载
suid/nosuid	是否允许 SUID 的存在
usrquota	启动文件系统支持磁盘配额模式
grpquota	启动文件系统对群组磁盘配额模式的支持
defaults	同时具有 rw、suid、dev、exec、auto、nouser、async 参数的设置

第五列表示使用 dump 命令何时备份，通常这个参数的值设置为 0 或者 1。参数为 0 时表示不做 dump 备份，参数为 1 时表示每天进行 dump 备份，此参数通常设置为 0。

第六列表示是否检验扇区，系统开机的过程中，是否使用 fsck 检验系统是否为完整。参数为 0 时表示不要检验，参数为 1 时表示最早检验，此参数通常设置为 0。

2) 自动挂载案例

案例：将硬盘/dev/sdb 的第五个分区挂载到/mnt/sdb5，实现代码与结果如下：

```
[root@localhost ~]# mkdir   /mnt/sdb5                                   //创建目录
```

```
[root@localhost ~]# echo  "/dev/sdb5 /mnt/sdb5 xfs defaults 0 0" >> /etc/fstab   //文件写入
[root@localhost ~]# mount  -a                                                    //重新加载
[root@localhost ~]# df  /dev/sdb5                                             //查看目录挂载点
文件系统              1K-块       已用      可用       已用%  挂载点
/dev/sdb5            1998672      6144      1871288    1%    /mnt/sdb5
```

执行命令“echo "/dev/sdb5/mnt/sdb5 xfs defaults 0 0" >> /etc/fstab”，可以将挂载信息写入/etc/fstab 文件中；执行命令“mount -a”，加载文件/etc/fstab 的内容，实现自动挂载；执行命令“df /dev/sdb5”，可以查看该分区挂载到哪个目录。

9.8 文件系统卸载

1. 命令作用

umount 命令用于卸除文件系统，可卸除目前挂在 Linux 目录中的文件系统。

2. 命令格式

umount 命令的格式为“umount 设备文件名或挂载点”。

3. 命令案例

案例 1：卸载光盘文件，实现代码与结果如下：

```
[root@localhost ~]# umount  /dev/sr0                          //卸载光盘
或者
[root@localhost ~]# umount  /mnt/cdrom                        //卸载挂载点
```

卸载文件系统时，umount 命令后面既可以加设备文件名，也可以加挂载点，不过只能二选一。

案例 2：卸载/mnt/sdb5 时，出现以下报错：

```
[root@localhost sdb5]# umount  /mnt/sdb5
umount: /mnt/sdb5：目标忙
```

执行命令“umount /mnt/sdb5”，系统提示“/mnt/ sdb5：目标忙”，这是因为用户当前就在卸载目录，所以不能完成卸载。因此，用户必须先退出挂载点目录，才能完成卸载操作，实现代码与结果如下：

```
[root@localhost sdb5]# cd
[root@localhost ~]# umount  /mnt/sdb5
[root@localhost ~]# df
文件系统              1K-块       已用       可用       已用%  挂载点
……(前面省略)……
/dev/sdb1            3997376     16368      3754912    1%    /mnt/sdb1
/dev/loop0           4480476     4480476          0    100%  /mnt/centos7
```

使用命令“cd”切换至用户的家目录，再执行卸载命令“umount /mnt/sdb5”，可以完成卸载。卸载硬件设备成功与否，除了执行 umount 命令不报错之外，还可以使用 df 命令查看目标设备是否还挂载在系统中。

【任务实施】

任务 9 的实施过程如表 9-8 所示。

表 9-8　任务 9 的实施过程

操作步骤	操 作 过 程	操 作 说 明
步骤一： 在虚拟机中添加两块新硬盘。	在虚拟机中添加两块硬盘，容量分别为 800 GB、3 TB，添加过程参考 9.4 小节内容，最终虚拟机设置界面如下图所示。 	需要注意的是，在虚拟机中添加硬件设备时，虚拟机必须处于关机状态。
步骤二： 对新添加的第一块硬盘/dev/sdb 进行分区操作。	[root@localhost ~]# fdisk　/dev/sdb 欢迎使用 fdisk (util-linux2.23.2)。 命令(输入 m 获取帮助)：n Partition type: 　p　primary (0 primary, 0 extended, 4 free) 　e　extended Select (default p): p 分区号(1-4，默认 1)：1 起始扇区(2048-1677721599，默认为 2048)：2048 Last 扇区, +扇区 or +size{K,M,G}：+100G 分区 1 已设置为 Linux 类型，大小设为 100GiB 命令(输入 m 获取帮助)：n Partition type: 　p　primary (1 primary, 0 extended, 3 free) 　e　extended Select(default p): e 分区号(2-4，默认 2)：	对/dev/sdb 进行分区操作。 创建第一个主分区，容量为 100GB。

续表一

操作步骤	操 作 过 程	操 作 说 明
步骤二： 对新添加的第一块硬盘/dev/sdb 进行分区操作。	起始扇区(209717248-1677721599，默认为 209717248)： 将使用默认值 209717248 Last 扇区, +扇区 or +size{K,M,G} (209717248-1677721599，默认为 1677721599)：+600G 分区 2 已设置为 Extended 类型，大小设为 600GiB 命令(输入 m 获取帮助)：n	创扩展分区，容量为 600 GB。
	Partition type: p　primary (1 primary, 1 extended, 2 free) l　logical (numbered from 5) Select (default p): l 添加逻辑分区 5 起始扇区(209719296-1468008447，默认为 209719296)： 将使用默认值 209719296 Last 扇区, +扇区 or +size{K,M,G} (209719296-1468008447，默认为 1468008447)：+100G 分区 5 已设置为 Linux 类型，大小设为 100GiB 命令(输入 m 获取帮助)：n	创建逻辑分区 5，容量为 100 GB。
	Partition type: p　primary (1 primary, 1 extended, 2 free) l　logical (numbered from 5) Select(default p): l 添加逻辑分区 6 起始扇区(419436544-1468008447，默认为 419436544)： 将使用默认值 419436544 Last 扇区, +扇区 or +size{K,M,G} (419436544-1468008447，默认为 1468008447)：+100G 分区 6 已设置为 Linux 类型，大小设为 100GiB 命令(输入 m 获取帮助)：n	创建逻辑分区 6，容量为 100 GB。
	Partition type: p　primary (1 primary, 1 extended, 2 free) l　logical (numbered from 5) Select (default p): l 添加逻辑分区 7 起始扇区(629153792-1468008447，默认为 629153792)： 将使用默认值 629153792 Last 扇区, +扇区 or +size{K,M,G} (629153792-1468008447，默认为 1468008447)：+100G 分区 7 已设置为 Linux 类型，大小设为 100GiB	创建逻辑分区 7，容量为 100 GB。

续表二

操作步骤	操 作 过 程	操 作 说 明
步骤二： 对新添加的第一块硬盘/dev/sdb 进行分区操作。	命令(输入 m 获取帮助)：p ……(前面省略)…… 设备 Boot Start End Blocks Id System /dev/sdb1 2048 209717247 104857600 83 Linux /dev/sdb2 209717248 1468008447 629145600 5 Extended /dev/sdb5 209719296 419434495 104857600 83 Linux /dev/sdb6 419436544 629151743 104857600 83 Linux /dev/sdb7 629153792 838868991 104857600 83 Linux 命令(输入 m 获取帮助)：w The partition table has been altered! Calling ioctl() to re-read partition table. 正在同步磁盘。	显示分区列表，查看创建结果。 将分区结果写入硬盘中，保存退出。
步骤三： 将 /dev/sdb1 中第一个分区格式化，再挂载到目录。	[root@localhost ~]# mkfs.xfs /dev/sdb1 [root@localhost ~]# mkdir -p /company/js/file [root@localhost ~]# mount /dev/sdb1 /company/js/file	格式化/dev/sdb1 创建挂载目录 挂载分区
步骤四： 对新添加的第二块硬盘/dev/sdc 进行分区操作。	[root@localhost ~]# parted /dev/sdc GNU Parted 3.1 使用 /dev/sdc Welcome to GNU Parted! Type 'help' to view a list of commands. (parted) mklabel 新的磁盘标签类型？ gpt (parted) mkpart 分区名称？ []? part1 文件系统类型？ [ext2]? xfs 起始点？1 结束点？500G (parted) mkpart 分区名称？ []? part2 文件系统类型？ [ext2]? Xfs 起始点？501G 结束点？1001G (parted) mkpart 分区名称？ []? part3 文件系统类型？ [ext2]? xfs 起始点？1002G	对/dev/sdc 进行分区操作。 创建 gpt 分区表 创建第一个分区，容量为 500 GB 创建第二个分区，容量为 500 GB 创建第三个分区，容量为 500 GB

续表三

操作步骤	操 作 过 程	操 作 说 明
步骤四： 使用 parted 命令对/dev/sdc 进行分区	结束点？1502G (parted) mkpart 分区名称？　[]? part4 文件系统类型？　[ext2]? ext4 起始点？1503G 结束点？2003G	创建第四个分区，容量为 500 GB
	(parted) print ……(前面省略)…… Number　Start　End　Size　File system　Name　标志 1　1049kB　500GB　500GB　part1 2　501GB　1001GB　500GB　part2 3　1002GB　1502GB　500GB　part3 4　1503GB　2003GB　500GB　part4	显示分区信息，查看创建结果
	(parted) quit	退出 parted 命令

【任务拓展】

某高校新增幼儿教育学院。为了方便新增部门文件资料的存放，系统管理员需要在学校服务器中再添加一块 500 GB 硬盘，具体硬盘分区情况如表 9-9 所示，系统管理员应该如何正确完成硬盘分区？

表 9-9　磁盘分配情况

二级学院名称	新增磁盘大小	磁盘分区
幼儿教育学院	500 GB	一个主分区，容量为 40 GB； 扩展分区，容量为 450 GB； 四个逻辑分区，容量均为 100 GB

任务 10　Linux 系统磁盘高级应用

【任务介绍】

M 公司进行部门调整后，为了方便新增部门文件资料的存放，已经在公司服务器中添加两块新硬盘，两个部门根据自身情况分别提出了不同的要求：技术部要求资料存放目录为 /company/js/data，需要存放 220 GB 的资料，并且要求能够随时能扩容到 300 GB。研发部要求资料存放目录为 /company/yf/data，而且要求保证存放在硬盘中的内容不能丢失，一旦硬盘出现故障，能够自动恢复。为了满足两个部门的需求，系统管理员制定了实施方案，如表 10-1 所示。

表 10-1　磁盘管理实施方案

部门需求	实 施 方 案
技术部	将 /dev/sdb5、/dev/sdb6、/dev/sdb7 组建成卷组，在卷组上创建逻辑卷
研发部	再新增一块硬盘，与/dev/sdc 组建软件磁盘阵列

【任务分析】

作为系统管理员应该在 /dev/sdb 硬盘中创建逻辑卷，满足技术部的要求；另外再新增一块 3 TB 硬盘，使用 /dev/sdc 和后添加的硬盘，组建 RAID1，满足研发部的要求。具体可以分为以下几个步骤：

步骤一：在硬盘 /dev/sdb 中创建逻辑卷。

步骤二：新增一块硬盘。

步骤三：将 /dev/sdc 和 /dev/sdd 组建成软件磁盘阵列。

【必备知识】

完成本任务需要掌握的必备知识见 10.1～10.6 节。

10.1　LVM 简介

LVM 英文全名是 Logical Volume Manager，中文翻译为逻辑卷管理器，可以对磁盘分区进行管理。因为传统的分区一旦分区好后就无法在线扩充空间，当分区空间不足时，一般的解决方案是再创建一个更大的分区将原分区卸载，然后将数据拷贝到新分区，但是在实际生产中往往不允许服务器停机或者允许停机的时间很短，LVM 能很好地解决在线扩充空间的问题，而且不会对数据造成影响，LVM 还能通过快照在备份的过程中保证日志文件和表空间文件在同一时间点的一致性。

下面来了解一下 LVM 中几个概念：

(1) 物理卷(Physical Volume，PV)。物理卷就是指磁盘分区或从逻辑上和磁盘分区具有同样功能的设备，是 LVM 的基本存储逻辑块。

(2) 卷组(Volume Group，VG)。一个卷组就是一个存储池，卷组建立在物理卷之上，一个卷组中至少包括一个物理卷，在卷组创建之后可以动态地扩展或缩小空间。

(3) 逻辑卷(Logical Volume，LV)。一个逻辑卷是卷组的一部分，由逻辑区段组成。逻辑卷可用文件系统格式化，并挂载到任意目录。

(4) 物理区域(Physical Extent，PE)。一个物理区段是一小段均匀的磁盘空间，物理卷可以分解为许多的物理区段。物理盘区是物理卷中可用于分配的最小的存储单元，物理盘区的大小可根据实际情况在建立物理卷的时候指定。物理盘区大小一旦确定将不能更改，同一卷组中所有的物理盘区大小都一致。

(5) 逻辑区段(Logical Extent，LE)。每个物理区段关联着一个逻辑区段，这些逻辑区段可以组成一个逻辑卷。

为了介绍 LVM 管理的相关操作，使用 VMWare Workstation 软件新建一个虚拟机名为

“任务 10-1”，完成操作系统的安装。参考 9.4、9.5 小节内容，在“任务 10-1”虚拟机中新添加一块 20 GB 的硬盘，并进行分区，各分区容量大小如下：

主分区 3 个：/devsdb1 容量 2 GB，/devsdb2 容量 4 GB，/devsdb3 容量 6 GB；

扩展分区：/dev/sdb4 容量 8 GB；

逻辑分区 4 个：/devsdb5 容量 300 MB，/devsdb6 容量 500 MB，/devsdb7 容量 800 MB，/devsdb8 容量 1600 MB。

10.2　物理卷管理

下面介绍物理卷管理命令，包括 pvcreate、pvscan、pvdisplay、pvremove。

1. 创建物理卷(pvcreate)

1) 命令作用

pvcreate 命令用于将物理硬盘分区初始化为物理卷。

2) 命令格式

pvcreate 命令的格式为“pvcreate　设备文件名”。

3) 命令案例

案例：将系统第二块硬盘/dev/sdb 中的分区创建为物理卷，实现代码与结果如下：

```
[root@localhost ~]# pvcreate   /dev/sdb1
  Physical volume "/dev/sdb1" successfully created.
[root@localhost ~]# pvcreate   /dev/sdb2
  Physical volume "/dev/sdb2" successfully created.
[root@localhost ~]# pvcreate   /dev/sdb{3,5,6,7,8}
  Physical volume "/dev/sdb3" successfully created.
  Physical volume "/dev/sdb5" successfully created.
  Physical volume "/dev/sdb6" successfully created.
  Physical volume "/dev/sdb7" successfully created.
  Physical volume "/dev/sdb8" successfully created.
```

使用 pvcreate 命令时，直接加上分区的设备文件名，可以将一个硬盘分区转化为物理卷，也可以将分区号写在大括号中，同时将多个分区转化为物理卷。

注意：扩展分区不能转化为物理卷。

2. 显示物理卷列表(pvscan)

1) 命令作用

pvscan 命令用于扫描系统中所有硬盘，列出找到的物理卷列表。

2) 命令格式

pvscan 命令的格式为“pvscan　[选项]　物理卷名”。

3) 命令选项

pvscan 命令选项及含义如表 10-2 所示。

表 10-2　pvscan 命令选项及含义

选项名称	选项含义
-e	仅显示属于卷组的物理卷
-n	仅显示不属于任何卷组的物理卷
-s	短格式输出
-u	显示 UUID

4) 命令案例

案例 1：显示系统中所有的物理卷，实现代码与结果如下：

```
[root@localhost ~]# pvscan
  PV /dev/sda2     VG centos            lvm2 [<19.00 GiB / 0      free]
  PV /dev/sdb6                          lvm2 [500.00 MiB]
  PV /dev/sdb3                          lvm2 [6.00 GiB]
  PV /dev/sdb8                          lvm2 [1.56 GiB]
  PV /dev/sdb7                          lvm2 [800.00 MiB]
  PV /dev/sdb1                          lvm2 [2.00 GiB]
  PV /dev/sdb2                          lvm2 [4.00 GiB]
  PV /dev/sdb5                          lvm2 [300.00 MiB]
  Total: 8 [34.12 GiB] / in use: 1 [<19.00 GiB] / in no VG: 7 [15.12 GiB]
```

执行命令“pvscan”，可以显示当前系统中的物理卷列表，其中物理卷/dev/sda2 是在第一块硬盘中，属于卷组 centos；其余七个物理卷都在第二块硬盘中，均不属于任何卷组，都是可被使用的物理卷。

案例 2：短格式输出当前系统中所有硬盘的物理卷，实现代码与结果如下：

```
[root@localhost ~]# pvscan   -s
  /dev/sda2
  /dev/sdb6
  /dev/sdb2
  /dev/sdb3
  /dev/sdb1
  /dev/sdb5
  /dev/sdb7
  /dev/sdb8
  Total: 8 [34.12 GiB] / in use: 1 [<19.00 GiB] / in no VG: 7 [15.12 GiB]
```

执行命令“pvscan -s”，可以短格式输出系统中所有硬盘的物理卷信息，这里只显示出物理卷的名称，最后一行是系统中八个物理卷的容量大小以及使用情况的信息。

3. 显示物理卷属性(pvdisplay)

1) 命令作用

pvdisplay 命令用于显示物理卷的属性，包括物理卷名称、所属的卷组、物理卷大小、

PE 大小、总 PE 数、可用 PE 数、已分配的 PE 数和 UUID。

2) 命令格式

pvdisplay 命令的格式为"pvdisplay　[选项]　物理卷名"。

3) 命令选项

pvdisplay 命令选项及含义如表 10-3 所示。

表 10-3　pvdisplay 命令选项及含义

选项名称	选 项 含 义
-s	短格式输出
-m	显示 PE 到 LV 和 LE 的映射

4) 命令案例

案例 1：显示当前系统中物理卷/dev/sdb1 的基本信息，实现代码与结果如下：

```
[root@localhost ~]# pvdisplay  /dev/sdb1
  "/dev/sdb1" is a new physical volume of "2.00 GiB"
  --- NEW Physical volume ---
  PV Name               /dev/sdb1                                   //物理卷名称
  VG Name                                                           //所属卷组名称
  PV Size               2.00 GiB                                    //物理卷容量
  Allocatable           NO                                          //是否已被分配
  PE Size               0                                           // PE 的大小
  Total PE              0                                           // PE 的总数量
  Free PE               0                                           //未被 LV 使用的 PE
  Allocated PE          0                                           //已分配的 PE 数量
  PV UUID               AfHfUv-3kTY-eo5d-KDs6-edXb-vnfO-bsT5dP      // PV 的 UUID
```

执行命令"pvdisplay　/dev/sdb1"，可以显示物理卷/dev/sdb1 的基本信息，包括物理卷名称、所属的卷组、物理卷容量大小和 PE 使用情况等。

案例 2：显示当前系统中所有的物理卷的容量大小，实现代码与结果如下：

```
[root@localhost ~]# pvdisplay  -s
  Device "/dev/sda2" has a capacity of   0
  Device "/dev/sdb6" has a capacity of 500.00 MiB
  Device "/dev/sdb2" has a capacity of 4.00 GiB
  Device "/dev/sdb3" has a capacity of 6.00 GiB
  Device "/dev/sdb1" has a capacity of 2.00 GiB
  Device "/dev/sdb5" has a capacity of 300.00 MiB
  Device "/dev/sdb7" has a capacity of 800.00 MiB
  Device "/dev/sdb8" has a capacity of 1.56 GiB
```

执行命令"pvdisplay -s"，可以短格式输出当前系统中所有的物理卷基本信息，输出结果中只能看到物理卷名称及容量大小。

4. 删除物理卷(pvremove)

1) 命令作用

pvremove 命令用于删除一个存在的物理卷。

2) 命令格式

pvremove 命令的格式为“pvremove 物理卷名”。

3) 命令案例

案例：删除物理卷/dev/sdb8，实现代码与结果如下：

```
[root@localhost ~]# pvremove  /dev/sdb8
  Labels on physical volume "/dev/sdb8" successfully wiped.
[root@localhost ~]# pvscan
  PV /dev/sda2    VG centos         lvm2 [<19.00 GiB / 0     free]
  PV /dev/sdb6                      lvm2 [500.00 MiB]
  PV /dev/sdb3                      lvm2 [6.00 GiB]
  PV /dev/sdb7                      lvm2 [800.00 MiB]
  PV /dev/sdb1                      lvm2 [2.00 GiB]
  PV /dev/sdb2                      lvm2 [4.00 GiB]
  PV /dev/sdb5                      lvm2 [300.00 MiB]
  Total: 7 [<32.56 GiB] / in use: 1 [<19.00 GiB] / in no VG: 6 [13.56 GiB]
```

执行命令“pvremove /dev/sdb8”，可以删除物理卷/dev/sdb8，再执行命令“pvscan”，可以看到物理卷列表中，已经没有物理卷/dev/sdb8 的信息。

10.3 卷组管理

下面介绍卷组管理命令，包括 vgcreate、vgscan、vgs、vgdisplay、vgextend、vgreduce 和 vgremove。

1. 创建卷组(vgcreate)

1) 命令作用

vgcreate 命令用于创建 LVM 卷组。卷组可以将多个物理卷组织成一个整体，屏蔽了底层物理卷细节。

2) 命令格式

vgcreate 命令的格式为“vgcreate [选项] 卷组名 物理卷名”。

3) 命令选项

vgcreate 命令选项及含义如表 10-4 所示。

表 10-4 vgcreate 命令选项及含义

选项名称	选 项 含 义
-l	卷组上允许创建的最大逻辑卷数
-p	卷组中允许添加的最大物理卷数
-s	卷组上的物理卷的 PE 大小

4) 命令案例

案例 1：将单个物理卷组成卷组 vg1，实现代码与结果如下：

```
[root@localhost ~]# vgcreate    vg1    /dev/sdb1
  Volume group "vg1" successfully created
```

执行命令“vgcreate　vg1　/dev/sdb1”，可以将物理卷/dev/sdb1 组成一个卷组，卷组名为 vg1。

案例 2：将多个物理卷组成卷组 vg2，实现代码与结果如下：

```
[root@localhost ~]# vgcreate    vg2    /dev/sdb2    /dev/sdb3
  Volume group "vg2" successfully created
```

执行命令“vgcreate　vg2　/dev/sdb2　/dev/sdb3”，可以将 /dev/sdb2 和/dev/sdb3 两个物理卷组成一个卷组，卷组名为 vg2。

案例 3：创建卷组 vg3，指定卷组的 PE 大小为 16 MB，实现代码与结果如下：

```
[root@localhost ~]# vgcreate    -s    16M    vg3    /dev/sdb{5,6,7}
  Volume group "vg3" successfully created
```

执行命令“vgcreate　-s　16M　vg3　/dev/sdb{5,6,7}”，可以将 /dev/sdb5、/dev/sdb6、/dev/sdb7 三个物理卷组成一个卷组，卷组名为 vg3，同时指定卷组 vg3 中 PE 大小为 16 MB。若不指定，默认的 PE 大小为 4 MB。

2. 显示卷组列表(vgscan)

1) 命令作用

vgscan 命令用于查找系统中存在的 LVM 卷组，并显示找到的卷组列表。

2) 命令格式

vgscan 命令的格式为“vgscan”。

3) 命令案例

案例：显示当前系统中所有卷组列表，实现代码与结果如下：

```
[root@localhost ~]# vgscan
  Reading volume groups from cache.
  Found volume group "vg3" using metadata type lvm2
  Found volume group "vg1" using metadata type lvm2
  Found volume group "vg2" using metadata type lvm2
  Found volume group "centos" using metadata type lvm2
```

执行命令“vgscan”，可以显示当前系统中所有卷组列表，输出结果中只能看到卷组名称及元数据类型。

3. 显示卷组报表(vgs)

1) 命令作用

vgs 命令用于格式化输出卷组信息报表，使用 vgs 命令仅能得到卷组的简要信息。

2) 命令格式

vgs 命令的格式为“vgs 卷组名”。

3) 命令案例

案例 1：显示当前系统中所有卷组信息报表，实现代码与结果如下：

```
[root@localhost ~]# vgs
  VG      #PV  #LV  #SN  Attr    VSize    VFree
  centos    1    2    0  wz--n-  <19.00g      0
  vg1       1    0    0  wz--n-   <2.00g  <2.00g
  vg2       2    0    0  wz--n-    9.99g   9.99g
  vg3       3    0    0  wz--n-    1.53g   1.53g
```

使用命令 vgs，可以输出当前系统中所有卷组信息报表，第一列是卷组名称，第二列是卷组中物理卷的个数，第三列是卷组上已创建逻辑卷的个数，第四列是序列号，第五列是文件属性，第六列是卷组的容量大小，第七列是卷组中空闲容量大小。

案例 2：输出指定卷组信息，显示卷组 vg3 的信息，实现代码与结果如下：

```
[root@localhost ~]# vgs  vg3
  VG    #PV  #LV  #SN  Attr    VSize  VFree
  vg3     3    0    0  wz--n-  1.53g  1.53g
```

使用命令 vgs vg3，可以输出卷组 vg3 的信息。使用 vgs 命令仅能得到物理卷的一些简要信息，如果要得到更加详细的信息需要使用 vgdisplay 命令。

4. 显示卷组属性(vgdisplay)

1) 命令作用

vgdisplay 命令用于显示 LVM 卷组的属性信息，如果不指定卷组名，则分别显示所有卷组的属性。

2) 命令格式

vgdisplay 命令的格式为“vgdisplay [选项] 卷组名”。

3) 命令选项

vgdisplay 命令选项及含义如表 10-5 所示。

表 10-5 vgdisplay 命令选项及含义

选项名称	选 项 含 义
-A	仅显示活动卷组的属性
-s	短格式输出

4) 命令案例

案例 1：显示当前系统中卷组 vg1 的基本信息，实现代码与结果如下：

```
[root@localhost ~]# vgdisplay  vg1
  --- Volume group ---
  VG Name               vg1
```

```
System ID
Format                 lvm2
Metadata Areas         1
Metadata Sequence No   1
VG Access              read/write
VG Status              resizable
MAX LV                 0
Cur   LV               0
Open   LV              0
Max PV                 0
Cur PV                 1
Act PV                 1
VG Size                <2.00 GiB
PE Size                4.00 MiB
Total PE               511
Alloc PE / Size        0 / 0
Free   PE / Size       511 / <2.00 GiB
VG UUID                WKGieb-S6xP-j54z-VM6n-kTPN-ZNzr-FikmpH
```

执行命令“vgdisplay　vg1”，可以显示卷组 vg1 的基本信息，包括卷组名称、卷组容量大小、PE 大小、总 PE 数、可用 PE 数、已分配的 PE 数和 UUID 等。

案例 2：短格式输出当前系统中所有卷组的信息，实现代码与结果如下：

```
[root@localhost ~]# vgdisplay   -s
  "vg3" 1.53 GiB        [0            used / 1.53 GiB free]
  "vg2" 9.99 GiB        [0            used / 9.99 GiB free]
  "vg1" <2.00 GiB       [0            used / <2.00 GiB free]
  "centos" <19.00 GiB   [<19.00 GiB  used / 0       free]
```

执行命令“vgdisplay -s”，可以短格式输出当前系统中所有卷组的信息，但仅仅显示卷组名称、容量大小以及容量使用情况。

5. 减少卷组容量(vgreduce)

1) 命令作用

vgreduce 命令用于从卷组中删除物理卷，通过删除 LVM 卷组中的物理卷来减少卷组容量，但不能删除 LVM 卷组中剩余的最后一个物理卷。

2) 命令格式

vgreduce 命令的格式为“vgreduce　卷组　名物理卷名”。

3) 命令案例

案例：减少卷组 vg3 的容量，从卷组 vg3 中删除一个物理卷/dev/sdb7，实现代码与结果如下：

```
[root@localhost ~]# vgs
  VG      #PV  #LV  #SN  Attr     VSize     VFree
  centos   1    2    0   wz--n-  <19.00g    0
  vg1      1    0    0   wz--n-   <2.00g   <2.00g
  vg2      2    0    0   wz--n-    9.99g    9.99g
  vg3      3    0    0   wz--n-    1.53g    1.53g
[root@localhost ~]# vgreduce   vg3   /dev/sdb7
  Removed "/dev/sdb7" from volume group "vg3"
[root@localhost ~]# vgs
  VG      #PV  #LV  #SN  Attr     VSize     VFree
  centos   1    2    0   wz--n-  <19.00g    0
  vg1      1    0    0   wz--n-   <2.00g   <2.00g
  vg2      2    0    0   wz--n-    9.99g    9.99g
  vg3      2    0    0   wz--n-  784.00m  784.00m
```

执行命令“vgreduce　vg3　/dev/sdb7”，从卷组 vg3 中删除物理卷/dev/sdb7；再执行命令“vgs”，可以看到卷组 vg3 中 PV 的数量由原来的 3 个减少为 2 个，同时可以看到卷组 vg3 的容量也从 1.53g 减少至 784m。

6. 增加卷组容量(vgextend)

1) 命令作用

vgextend 命令用于增加卷组容量，通过向卷组中添加物理卷来增加卷组的容量。

2) 命令格式

vgextend 命令的格式为“vgextend　卷组名　物理卷名”。

3) 命令案例

案例：增加卷组 vg3 的容量，将物理卷/dev/sdb7 添加到卷组 vg3 中，实现代码与结果如下：

```
[root@localhost ~]# vgextend   vg3   /dev/sdb7
  Volume group "vg3" successfully extended
[root@localhost ~]# vgs
  VG      #PV  #LV  #SN  Attr     VSize     VFree
  centos   1    2    0   wz--n-  <19.00g    0
  vg1      1    0    0   wz--n-   <2.00g   <2.00g
  vg2      2    0    0   wz--n-    9.99g    9.99g
  vg3      3    0    0   wz--n-    1.53g    1.53g
```

执行命令“vgextend　vg3　/dev/sdb7”，可以向卷组 vg3 中添加物理卷/dev/sdb7；再执行命令“vgs”，可以看到卷组 vg3 中 PV 的数量由原来的 2 个增加为 3 个，同时卷组 vg3 的容量也从 784m 增加至 1.53g。

7. 删除卷组(vgremove)

1) 命令作用

vgremove 命令用于删除一个存在的卷组。

2) 命令格式

vgremove 命令的格式为“vgremove　卷组名”。

3) 命令案例

案例：将分区/dev/sdb8 创建为物理卷，将物理卷/dev/sdb8 转化为卷组 vg4，再删除卷组 vg4，实现代码与结果如下：

```
[root@localhost ~]# pvcreate   /dev/sdb8
  Physical volume "/dev/sdb8" successfully created.
[root@localhost ~]# vgcreate   vg4   /dev/sdb8
  Volume group "vg4" successfully created
[root@localhost ~]# vgs
  VG      #PV  #LV  #SN  Attr     VSize     VFree
  centos  1    2    0    wz--n-   <19.00g   0
  vg1     1    0    0    wz--n-   <2.00g    <2.00g
  vg2     2    0    0    wz--n-   9.99g     9.99g
  vg3     3    0    0    wz--n-   1.53g     1.53g
  vg4     1    0    0    wz--n-   <1.56g    <1.56g
[root@localhost ~]# vgremove   vg4
  Volume group "vg4" successfully removed
[root@localhost ~]# vgs
  VG      #PV  #LV  #SN  Attr     VSize     VFree
  centos  1    2    0    wz--n-   <19.00g   0
  vg1     1    0    0    wz--n-   <2.00g    <2.00g
  vg2     2    0    0    wz--n-   9.99g     9.99g
  vg3     3    0    0    wz--n-   1.53g     1.53g
```

执行命令“pvcreate　/dev/sdb8”，将磁盘分区/dev/sdb8 创建为物理卷；再执行命令“vgcreate　vg4　/dev/sdb8”，将物理卷/dev/sdb8 组成卷组 vg4，此时用“vgs”命令查看系统中卷组列表，可以看到 vg4 的卷组信息；再执行命令“vgremove　vg4”，可以删除卷组 vg4，最后使用“vgs”查看系统中卷组列表，可以看到 vg4 的卷组信息已经被清除了。

10.4　逻辑卷管理

下面介绍逻辑卷管理命令，包括 lvcreate、lvscan、lvdisplay、lvextend、lvreduce 和 lvremove。

1. 创建逻辑卷(lvcreate)

1) 命令作用

lvcreate 命令用于创建 LVM 的逻辑卷，逻辑卷是创建在卷组之上的。

2) 命令格式

lvcreate 命令的格式为“lvcreate　[选项]　卷组名”。

3) 命令选项

lvcreate 命令选项及含义如表 10-6 所示。

表 10-6　lvcreate 命令选项及含义

选项名称	选 项 含 义
-L	指定逻辑卷的容量
-l	通过设定 LE 数量指定逻辑卷的容量
-n	指定逻辑卷名
-s	创建快照

4) 命令案例

案例 1：在卷组“vg1”上创建两个逻辑卷，容量分别为 500 MB 和 800 MB，实现代码与结果如下：

```
[root@localhost ~]# lvcreate  -L  300M  vg1
  Logical volume "lvol0" created.
[root@localhost ~]# lvcreate  -l  100  vg1
  Logical volume "lvol1" created.
```

执行命令“lvcreate　-L　300M　vg1”，可以在卷组 vg1 上创建一个容量为 300 MB 的逻辑卷。命令中没有指定逻辑卷名称，系统会默认给定一个名称，第一个逻辑卷名为 lvol0，第二逻辑卷名为 lvol1，以此类推。

执行命令“lvcreate　-l　100　vg1”，可以在卷组 vg1 上创建一个容量为 PE 大小 100 倍的逻辑卷，卷组 vg1 上 PE 大小为 4 MB，也就是创建了一个容量为 400 MB 的逻辑卷。

案例 2：在卷组“vg2”上创建两个逻辑卷，逻辑卷名为 lv1 和 lv2，容量分别为 500 MB 和 800 MB，实现代码与结果如下：

```
[root@localhost ~]# lvcreate  -n  lv1  -L  500M  vg2
  Logical volume "lv1" created.
[root@localhost ~]# lvcreate  -n  lv2  -l  200  vg2
  Logical volume "lv2" created.
```

执行命令“lvcreate　-n　lv1　-L　500M　vg2”，可以在卷组 vg2 上创建一个名称为 lv1 容量为 500 MB 的逻辑卷；

执行命令“lvcreate　-n　lv2　-l　200　vg2”，可以在卷组 vg2 上创建一个名称为 lv2 容量为 800 MB 的逻辑卷。

2. 显示逻辑卷列表(lvscan)

1) 命令作用

lvscan 命令用于扫描系统中存在的所有的 LVM 逻辑卷，并显示找到的逻辑卷列表。

2) 命令格式

lvscan 命令的格式为“lvscan”。

3) 命令案例

案例：显示当前系统中所有逻辑卷，实现代码与结果如下：

```
[root@localhost ~]# lvscan
  ACTIVE            '/dev/vg1/lvol0' [300.00 MiB] inherit
  ACTIVE            '/dev/vg1/lvol1' [400.00 MiB] inherit
  ACTIVE            '/dev/vg2/lv1' [500.00 MiB] inherit
  ACTIVE            '/dev/vg2/lv2' [800.00 MiB] inherit
  ACTIVE            '/dev/centos/swap' [2.00 GiB] inherit
  ACTIVE            '/dev/centos/root' [<17.00 GiB] inherit
```

执行命令“lvscan”，可以显示当前系统中所有逻辑卷、逻辑卷对应的设备文件名。前四个是刚创建的逻辑卷，最后两个是安装系统使用默认分区设置时，自动创建的逻辑卷。

3. 显示逻辑卷属性(lvdisplay)

1) 命令作用

lvdisplay 命令用于显示 LVM 逻辑卷的属性信息，包括 LVM 逻辑卷空间大小、读写状态和快照信息等属性。如果不指定逻辑卷，则分别显示所有逻辑卷的属性。

2) 命令格式

lvdisplay 命令的格式为“lvdisplay　逻辑卷设备文件名”。

3) 命令案例

案例：显示当前系统中逻辑卷 lv1 的信息，实现代码与结果如下：

```
[root@localhost ~]# lvdisplay   /dev/vg2/lv1
  --- Logical volume ---
  LV Path                /dev/vg2/lv1
  LV Name                lv1
  VG Name                vg2
  LV UUID                HRBx1c-iLkY-0J6y-Vh8f-g9gw-brI5-g1MbA1
  LV Write Access        read/write
……(下面省略)……
```

执行命令“lvdisplay　/dev/vg2/lv1”，可以显示系统中逻辑卷 lv1 的信息。这里需要注意的是，在系统中使用逻辑卷时，需要使用逻辑卷对应的设备文件名，逻辑卷 lv1 是建立在卷组 vg2 上的，因此其设备文件名为 /dev/vg2/lv1。

4. 缩小逻辑卷空间(lvreduce)

1) 命令作用

lvreduce 命令用于减少 LVM 逻辑卷占用的空间大小，减少逻辑卷的空间大小有可能会删除逻辑卷上已有的数据，所以在操作前必须进行确认操作。

2) 命令格式

lvreduce 命令的格式为“lvreduce [选项] 逻辑卷设备文件名”。

3) 命令选项

lvreduce 命令选项及含义如表 10-7 所示。

表 10-7 lvreduce 命令选项及含义

选项名称	选 项 含 义
-L	减少逻辑卷的容量大小
-l	减少逻辑卷的容量大小(LE 数量)

4) 命令案例

案例 1：将逻辑卷 lv1 的空间大小减少 400 MB(使用-L 选项)，实现代码与结果如下：

```
[root@localhost ~]# lvreduce -L -400M /dev/vg2/lv1
  WARNING: Reducing active logical volume to 100.00 MiB.
  THIS MAY DESTROY YOUR DATA (filesystem etc.)
Do you really want to reduce vg2/lv1? [y/n]: y
  Size of logical volume vg2/lv1 changed from 500.00 MiB (125 extents) to 100.00 MiB (25 extents).
```

执行命令“lvreduce -L -400M /dev/vg2/lv1”，系统会有是否减少逻辑卷容量的提示，输入 y 表示确认，可以将逻辑卷 lv1 的空间大小减少 400 MB，执行结果中可以看到 lv1 的容量从 500 MB 变为 100 MB。

案例 2：将逻辑卷 lv2 的空间大小减少 400 MB(使用-l 选项)，实现代码与结果如下：

```
[root@localhost ~]# lvreduce -l -100 /dev/vg2/lv2
  WARNING: Reducing active logical volume to 400.00 MiB.
  THIS MAY DESTROY YOUR DATA (filesystem etc.)
Do you really want to reduce vg2/lv2? [y/n]: y
  Size of logical volume vg2/lv2 changed from 800.00 MiB (200 extents) to 400.00 MiB (100 extents).
  Logical volume vg2/lv2 successfully resized.
```

执行命令“lvreduce -l -100 /dev/vg2/lv2”，执行命令后，系统会有是否减少逻辑卷容量的提示，输入“y”表示确认，可以将逻辑卷 lv2 的空间大小减少 100 个 PE 大小(卷组 vg2 中 PE 大小为 4 MB)。执行结果中可以看到 lv2 的容量从 800 MB 变为 400 MB。

5. 扩容逻辑卷空间(lvextend)

1) 命令作用

lvextend 命令用于在线扩展逻辑卷的空间大小，而不中断应用程序对逻辑卷的访问。

2) 命令格式

lvextend 命令的格式为“lvextend [选项] 逻辑卷设备文件名”。

3) 命令选项

lvextend 命令选项及含义如表 10-8 所示。

表 10-8　lvextend 命令选项及含义

选项名称	选 项 含 义
-L	扩容逻辑卷的容量大小
-l	扩容逻辑卷的容量大小(LE 数量)

4) 命令案例

案例 1：将逻辑卷 lv1 的空间大小扩容 200 MB(使用-L 选项)，实现代码与结果如下：

```
[root@localhost ~]# lvextend   -L   +200M   /dev/vg2/lv1
  Size of logical volume vg2/lv1 changed from 100.00 MiB (25 extents) to 300.00 MiB (75 extents).
  Logical volume vg2/lv1 successfully resized.
```

执行命令“lvextend　-L　+200M　/dev/vg2/lv1”，可以将逻辑卷 lv1 的空间扩容 200 MB。执行结果中可以看到 lv1 的容量从 100 MB 变为 300 MB。

案例 2：将逻辑卷 lv2 的空间大小扩容 200 MB(使用-l 选项)，实现代码与结果如下：

```
[root@localhost ~]# lvextend   -l   +50   /dev/vg2/lv2
  Size of logical volume vg2/lv2 changed from 400.00 MiB (100 extents) to 600.00 MiB (150 extents).
  Logical volume vg2/lv2 successfully resized.
```

执行命令“lvextend　-l　+50　/dev/vg2/lv2”，可以将逻辑卷 lv2 的空间大小扩容 50 个 PE 大小(卷组 vg2 中 PE 大小为 4 MB)。执行结果中可以看到 lv2 的容量从 400 MB 变为 600 MB。

6. 删除逻辑卷(lvremove)

1) 命令作用

lvremove 命令用于删除指定 LVM 逻辑卷。如果逻辑卷已经使用 mount 命令加载，则不能使用 lvremove 命令删除，必须使用 umount 命令卸载后，逻辑卷方可被删除。

2) 命令格式

lvremove 命令的格式为“lvremove　逻辑卷设备文件名”。

3) 命令案例

案例 1：删除逻辑卷 lv2，实现代码与结果如下：

```
[root@localhost ~]# lvremove   /dev/vg2/lv2
Do you really want to remove active logical volume vg2/lv2? [y/n]: y
  Logical volume "lv2" successfully removed
[root@localhost ~]# lvscan
  ACTIVE            '/dev/vg1/lvol0' [300.00 MiB] inherit
  ACTIVE            '/dev/vg1/lvol1' [400.00 MiB] inherit
  ACTIVE            '/dev/vg2/lv1' [300.00 MiB] inherit
  ACTIVE            '/dev/centos/swap' [2.00 GiB] inherit
  ACTIVE            '/dev/centos/root' [<17.00 GiB] inherit
```

执行命令“lvremove　/dev/vg2/lv2”，系统会有是否删除逻辑卷的提示，输入 y 表示确认，可以将逻辑卷 lv2 删除；再执行命令"lvscan"，可以看到逻辑卷列表中已经没有逻辑卷 lv2。

10.5　RAID 简介

1. RAID 概述

RAID 英文全名是 Redundant Arrays of Inexpensive Disks，中文翻译为独立冗余磁盘阵列，简称磁盘阵列。1988 年美国加州大学伯克利分校的 D. A. Patterson 教授首次提出了 RAID 概念。RAID 的基本思想是将多个容量较小、相对廉价的磁盘进行有机组合，从而以较低的成本获得与大容量磁盘相当的容量、性能、可靠性。

2. RAID 功能

RAID 主要利用数据条带、镜像和数据校验技术来获取高性能、可靠性、容错能力和扩展性，具体功能如下：

(1) 由多个硬盘组成大容量的存储空间，扩大存储能力。

(2) 对磁盘上的数据进行条带化，实现对数据成块存取，减少磁盘的机械寻道时间，提高了数据存取速度。

(3) 通过镜像或者存储奇偶校验信息的方式，实现了对数据的冗余保护，能够有效地防止数据丢失。

3. RAID 级别

标准 RAID 有七个级别：RAID 0、RAID 1、RAID 2、RAID 3、RAID 4、RAID 5、RAID 6。标准 RAID 还可以进行组合，满足对性能、安全性、可靠性要求更高的存储应用需求，例如 RAID 10、RAID 50 等，下面介绍几种常见的 RAID 级别。

(1) RAID 0。RAID 0 是最早出现的 RAID 模式，它将两个以上的磁盘并联起来，成为一个大容量的磁盘，其工作原理如图 10-1 所示。在存放数据时，分散存储在多个磁盘中，因为读写时都可以并行处理，所以 RAID 0 的速度是最快的。但是 RAID 0 既没有冗余功能，也不具备容错能力，如果其中一个磁盘损坏，所有数据都会丢失。

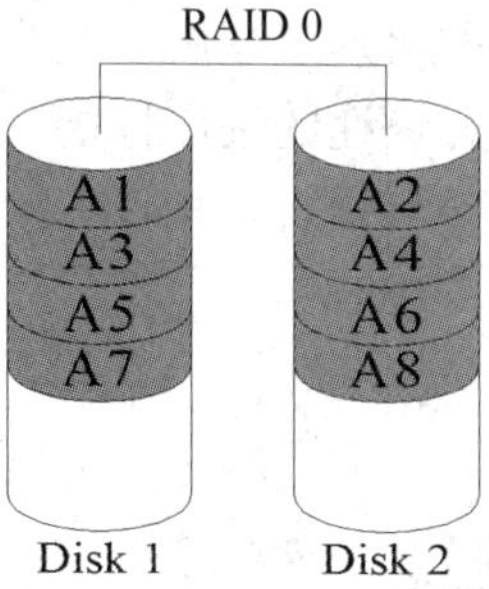

图 10-1　RAID 0 工作原理

(2) RAID 1。RAID 1 又称为磁盘镜像，使用两组以上磁盘相互作为镜像，它将数据完全一致地分别写到工作磁盘和镜像磁盘，磁盘空间利用率为 50%，其工作原理如图 10-2 所示。RAID 1 在数据写入时，响应时间会有所影响，但是读数据的时候没有影响。RAID 1 提供了最佳的数据保护，一旦工作磁盘发生故障，系统自动从镜像磁盘读取数据，不会影响用户工作，RAID 1 的数据安全性在所有的 RAID 级别中是最好的。

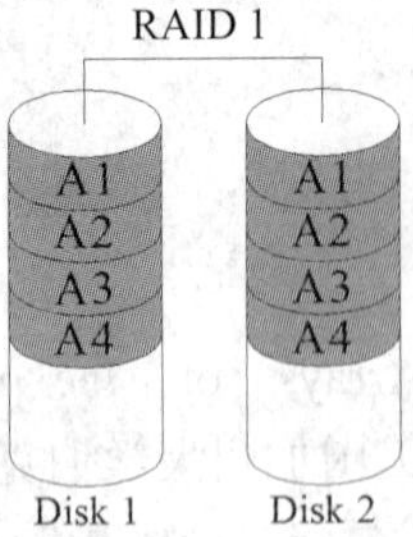

图 10-2　RAID 1 工作原理

(3) RAID 5。RAID 5 采用分布式奇偶校验方式，它将校验数据分布在阵列中的所有磁盘上，其工作原理如图 10-3 所示。RAID 5 的磁盘上同时存储数据和校验数据，数据块和对应的校验信息保存在不同的磁盘上，当一个数据盘损坏时，系统可以根据同一条带的其他数据块和对应的校验数据来重建损坏的数据。RAID 5 兼顾存储性能、数据安全和存储成本等各方面因素，可以理解为 RAID 0 和 RAID 1 的折中方案，基本上满足大部分的存储应用需求，数据中心大多采用它作为应用数据的保护方案。

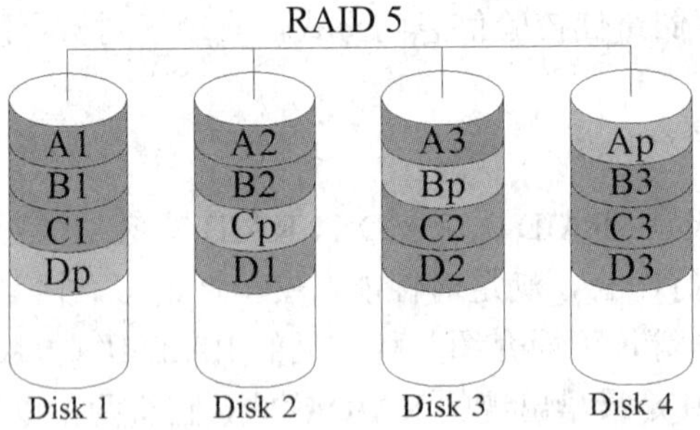

图 10-3　RAID 5 工作原理

(4) RAID 6。RAID 6 引入双重校验的概念，实现方式是采用两个独立的校验算法，假设称为 P 和 Q，校验数据可以分别存储在两个不同的校验盘上，或者分散存储在所有成员磁盘中。当两个磁盘同时失效时，即可通过求解二元方程来重建两个磁盘上的数据，其工作原理如图 10-4 所示。RAID 6 具有快速的读取性能、更高的容错能力。但是，它的成本比较高，系统设计和实施都比较复杂。因此，RAID 6 很少得到实际应用，主要用于对数据安全等级要求非常高的场合。

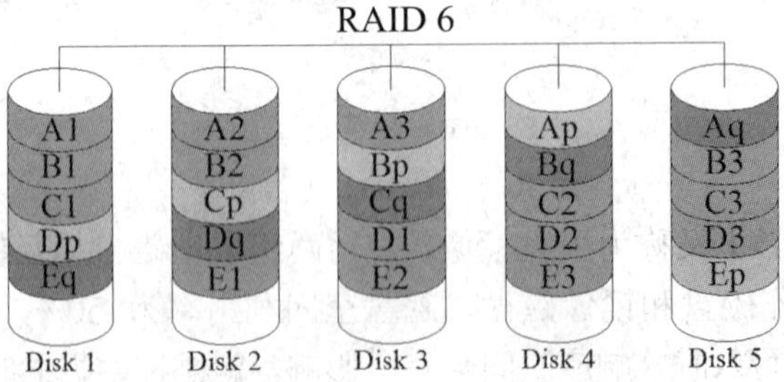

图 10-4　RAID 6 工作原理

(5) RAID 10。RAID 10 又称为镜像阵列条带，它是一个 RAID 1 与 RAID 0 的组合体，继承了 RAID 0 的快速和 RAID 1 的安全，像 RAID 0 一样，数据跨磁盘抽取；像 RAID 1 一样，每个磁盘都有一个镜像磁盘，其工作原理如图 10-5 所示。虽然 RAID 10 方案造成了 50%的磁盘浪费，但是它提供了 200%的速度和单磁盘损坏的数据安全性，并且当同时损坏的磁盘不在同一 RAID 1 中，就能保证数据安全性。假如磁盘中的某一块盘坏了，整个逻辑磁盘仍能正常工作。

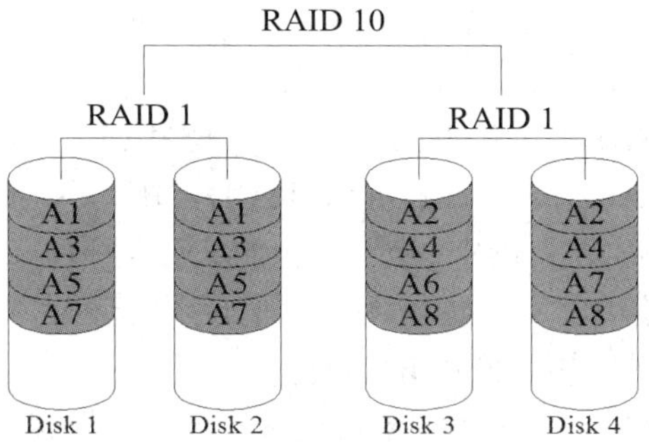

图 10-5　RAID 10 工作原理

当需要恢复 RAID 10 中损坏的磁盘时，只需要更换新的硬盘，按照 RAID 10 的工作原理来进行数据恢复，恢复数据过程中系统仍能正常工作。原先的数据会同步恢复到更换的硬盘中。

4. RAID 分类

RAID 根据实现方式可以分为硬件 RAID 和软件 RAID。所谓硬件 RAID 是通过磁盘阵列卡来实现磁盘阵列功能，磁盘阵列卡上配置专门的 RAID 控制处理芯片和 I/O 处理芯片，不占用 CPU 资源，但其成本较高。软件 RAID 主要是通过软件来模拟磁盘阵列的功能，没有独立的 RAID 控制处理芯片和 I/O 处理芯片，实现起来更加简便，但会占用 CPU 资源。

下面介绍在 Linux 系统中如何实现软件 RAID 的配置和管理。

10.6　软件 RAID 设置

1. 软件 RAID 配置管理命令

mdadm 命令可以创建磁盘阵列，也可以管理磁盘阵列。RAID 设备名的标准格式为/dev/mdx，x 一般从 0 开始。

2. mdadm 命令格式

mdadm 命令的格式为“mdadm　[模式选项]　<RAID 设备名>　[子选项]　[参数]”。下面详细介绍 mdadm 命令的使用方法。

注：“(　　)”中是命令的缩写。

(1) 加上 --create(-C)选项，用于创建 RAID，常用子选项如下：

① --level(-l)：指定要创建的 RAID 的级别。

② --raid-devices(-n)：指定 RAID 中活跃设备的数目。

③ --spare-device(-x)：指定 RAID 中备份设备的数目。

④ --chunk(-c)：指定块大小，以 KB 为单位，默认为 64 KB。

⑤ --auto(-a)：创建设备文件，使用时需要加上参数 yes、no 等，默认为 yes。

⑥ --force(-f)：允许使用一块硬盘创建 RAID。

(2) 加上 --manage 选项，用于管理 RAID 中的设备。因为 mdadm 命令默认在管理模式下进行，所以管理 RAID 中的设备时，直接加上子选项就可以了，其常用子选项如下：

① --add(-a)：给 RAID 添加设备。

② --fail(-f)：指定 RAID 中某设备状态为错误。

③ --remove(-r)：从 RAID 中移除设备，只能移除状态为错误和备份的设备。

(3) 加上 --assemble(-A)选项，用于重组 RAID，配合-s 使用，可以调用配置文件 /etc/mdadm.conf 中的配置信息，重组一个已停止的 RAID 阵列。

(4) 加上 --detail(-D)选项，用于显示 RAID 的详细信息。

(5) 加上 --stop(-S)选项，用于停止 RIAD。

(6) 加上 --grow(-G)选项，用于增加磁盘设备，为阵列扩容。

3. 软件 RAID 配置管理命令案例

为了介绍软件 RAID 配置，使用 VMWare Workstation 软件新建一个虚拟机，名为“任务 10-2”，完成操作系统的安装。参考 9.4 小节内容，在“任务 10-2”虚拟机中新添加六块 20 GB 硬盘。六块新硬盘分别为 /dev/sdb、/dev/sdc、/dev/sdd、/dev/sde、/dev/sdf、/dev/sdg。

步骤一：使用四块新硬盘创建 RAID 5 的磁盘阵列，一块硬盘作为热备份磁盘，实现代码与结果如下：

```
 [root@localhost ~]# mdadm  -C  /dev/md0  -l  5  -n  4  -x  1  /dev/sd[b-f]
                                                              //创建 RAID
[root@localhost ~]# mdadm  -D  /dev/md0                       //显示 RAID 的信息
/dev/md0:                                                     //RAID 的设备文件名
    Version : 1.2
    Creation Time : Sun Feb 16 07:11:45 2020                  //创建 RAID 的时间
    Raid Level : raid5                                        //RAID 级别
    Array Size : 62862336 (59.95 GiB 64.37 GB)                //RAID 的可用容量
    Used Dev Size : 20954112 (19.98 GiB 21.46 GB)             //每个块设备的容量
    Raid Devices : 4                                          //组成 RAID 的磁盘数量
    Total Devices : 5                                         //包括备用的磁盘数量
    Persistence : Superblock is persistent
    Update Time : Sun Feb 16 07:13:28 2020
    State : clean                                             //目前磁盘阵列的使用状态
    Active Devices : 4                                        //处于激活的设备数量
    Working Devices : 5                                       //使用 RAID 阵列的设备数量
    Failed Devices : 0                                        //损坏的设备数
    Spare Devices : 1                                         //热备份磁盘的数量
```

```
Layout : left-symmetric
Chunk Size : 512K                                   //chunk 的小数据块容量
Consistency Policy : resync
Name : localhost.localdomain:0   (local to host localhost.localdomain)
UUID : b351d4a7:73358c08:71c841cc:20c33a3d
Events : 18
 Number   Major   Minor   RaidDevice State
    0       8       16        0      active sync   /dev/sdb
    1       8       32        1      active sync   /dev/sdc
    2       8       48        2      active sync   /dev/sdd
    5       8       64        3      active sync   /dev/sde
    4       8       80        -      spare         /dev/sdf
```

执行命令“mdadm -C /dev/md0 -l 5 -n 4 -x 1 /dev/sd[b-f]”，可以使用/dev/sd[b-f]五块硬盘，创建一个名为 /dev/md0，级别为 RAID 5 的磁盘阵列，其中活跃的硬盘数量为 4 块，备份硬盘 1 块；执行命令“mdadm -D /dev/md0”，可以查看这个 RAID 的详细信息。

步骤二：将 RAID 进行格式化，实现代码与结果如下：

```
[root@localhost ~]# mkfs.xfs  /dev/md0                  //格式化
meta-data=/dev/md0              isize=512    agcount=16, agsize=982144 blks
         =                      sectsz=512   attr=2, projid32bit=1
         =                      crc=1        finobt=0, sparse=0
data     =                      bsize=4096   blocks=15714304, imaxpct=25
         =                      sunit=128    swidth=384 blks
naming   =version 2             bsize=4096   ascii-ci=0 ftype=1
log      =internal log          bsize=4096   blocks=7680, version=2
         =                      sectsz=512   sunit=8 blks, lazy-count=1
realtime =none                  extsz=4096   blocks=0, rtextents=0
```

执行命令“mkfs.xfs /dev/md0”，为 RAID 建立类型为 xfs 的文件系统。

步骤三：将 RAID 挂载，实现代码与结果如下：

```
[root@localhost ~]# mkdir  /mnt/md0                    //创建目录
[root@localhost ~]# mount  /dev/md0  /mnt/md0          //挂载目录
```

首先需要创建一个挂载目录，再执行命令“mount /dev/md0 /mnt/md0”，将这个 RAID 挂载/mnt/md0 目录，这样就能够正常使用了。

步骤四：将新建的 RAID 信息加入到 mdadm 配置文件，实现代码与结果如下：

```
[root@localhost ~]# mdadm  -Ds >> /etc/mdadm.conf
[root@localhost ~]# cat  /etc/mdadm.conf
ARRAY /dev/md0 metadata=1.2 spares=1 name=localhost.localdomain:0 UUID=b351d4a7:
```

```
73358c08:71c841cc:20c33a3d
```

执行命令“mdadm -Ds >> /etc/mdadm.conf”，可以查询和扫描 RAID 信息，并将信息写入到/etc/mdadm.conf 文件中，/etc/mdadm.conf 是默认的 RAID 配置文件。

步骤五：了解一下如何启动或停止 RAID，实现代码与结果如下：

```
[root@localhost ~]# umount /dev/md0                         //卸载 RAID
[root@localhost ~]# mdadm -S /dev/md0                       //停止 RAID
mdadm: stopped /dev/md0
[root@localhost ~]# mdadm -As /dev/md0                      //启动 RAID
mdadm: /dev/md0 has been started with 4 drives and 1 spare.
[root@localhost ~]# mount /dev/md0 /mnt/raid                //挂载 RAID
```

停止 RAID 之前，需要先卸载 RAID，卸载完成后，执行命令“mdadm -S /dev/md0”，可以停止 RAID。执行命令“mdadm -As /dev/md0”，可以调用配置文件/etc/mdadm.conf 中的信息，重新启动/dev/md0 这个 RAID 阵列。

步骤六：通过模拟硬盘故障，检验 RAID 5 阵列的错误恢复功能，例如使用 mdadm 命令将硬盘/dev/sde 设置为错误状态，看看备份分区是否能自动代替错误分区，实现代码与结果如下：

```
[root@localhost ~]# mdadm /dev/md0 -f /dev/sde              //设置 RAID 中设备为 F
mdadm: set /dev/sde faulty in /dev/md0
[root@localhost ~]# mdadm -D /dev/md0
……(前面省略)……
Number   Major   Minor   RaidDevice   State
   0       8       16        0        active sync       /dev/sdb
   1       8       32        1        active sync       /dev/sdc
   2       8       48        2        active sync       /dev/sdd
   4       8       80        3        active sync       /dev/sdf
   5       8       64        -        faulty            /dev/sde
```

执行命令“mdadm /dev/md0 -f /dev/sde”，可以将 RAID 中/dev/sde 硬盘状态设为错误。这里需要稍微等待几分钟，再执行命令“mdadm -D /dev/md0”，可以看到原来的备份盘/dev/sdf，状态已经变为激活状态，而/dev/sde 状态变为错误状态，此时这个 RAID 是正常工作的。

步骤七：移除损坏的磁盘，添加一个新磁盘作为热备份磁盘，实现代码与结果如下：

```
[root@localhost ~]# mdadm /dev/md0 -r /dev/sde
mdadm: hot removed /dev/sde from /dev/md0
[root@localhost ~]# mdadm /dev/md0 -a /dev/sdg
mdadm: added /dev/sdg
[root@localhost ~]# mdadm -D /dev/md0
……(前面省略)……
```

Number	Major	Minor	RaidDevice	State	
0	8	16	0	active sync	/dev/sdb
1	8	32	1	active sync	/dev/sdc
2	8	48	2	active sync	/dev/sdd
4	8	80	3	active sync	/dev/sdf
5	**8**	**96**	**-**	**spare**	**/dev/sdg**

执行命令“mdadm　/dev/md0　-r　/dev/sde”，可以将 /dev/sde 这块硬盘从 RAID 中移除，再执行命令“mdadm　/dev/md0　-a　/dev/sdg”，将 /dev/sdg 这块硬盘加入到 RAID 中，此时查看 RAID 的信息，可以看到新加入的这块硬盘自动变为了备份硬盘。

【任务实施】

任务 10 的实施过程如表 10-9 所示。

表 10-9　任务 10 的实施过程

操作步骤	操 作 过 程	操 作 说 明
步骤一：在硬盘 /dev/sdb 中创建逻辑卷。	[root@localhost ~]# fdisk　/dev/sdb 命令(输入 m 获取帮助)：t 分区号 (1,2,5-7，默认 7)：5 Hex 代码(输入 L 列出所有代码)：8e 已将分区“Linux”的类型更改为“Linux LVM” 命令(输入 m 获取帮助)：t 分区号 (1,2,5-7，默认 7)：6 Hex 代码(输入 L 列出所有代码)：8e 已将分区“Linux”的类型更改为“Linux LVM” 命令(输入 m 获取帮助)：t 分区号(1,2,5-7，默认 7)：7 Hex 代码(输入 L 列出所有代码)：8e 已将分区“Linux”的类型更改为“Linux LVM” 命令(输入 m 获取帮助)：w The partition table has been altered! Calling ioctl() to re-read partition table. 正在同步磁盘。 [root@localhost ~]# pvcreate　/dev/sdb{5, 6, 7} [root@localhost ~]# vgcreate　vg1　/dev/sdb{5, 6, 7} [root@localhost ~]# lvcreate　-n　lvjs　-L　220G　vg1	将 /dev/sdb 中三个逻辑分区的分区类型改为 LVM。 将分区结果写入硬盘中，保存退出。 创建物理卷 创建卷组 vg1 在卷组 vg1 上建立逻辑卷 lvjs 格式化逻辑卷

续表一

操作步骤	操 作 过 程	操 作 说 明
步骤一：创建逻辑卷	[root@localhost ~]# mkfs.xfs /dev/vg1/lvjs meta-data=/dev/vg1/lvjs isize=512 agcount=4,agsize=17039360blks = sectsz=512 attr=2, projid32bit=1 = crc=1 finobt=0, sparse=0 data = bsize=4096 blocks=68157440, imaxpct=25 = sunit=0 swidth=0 blks naming =version 2 bsize=4096 ascii-ci=0 ftype=1 log =internal log bsize=4096 blocks=33280, version=2 = sectsz=512 sunit=0 blks, lazy-count=1 realtime =none extsz=4096 blocks=0, rtextents=0 [root@localhost ~]# mkdir /company/js/data [root@localhost ~]# mount /dev/vg1/lvjs /company/js/data [root@localhost ~]# df -h /company/js/data 文件系统 容量 已用 可用 已用% 挂载点 /dev/mapper/vg1-lvjs 220G 33M 220G 1% /company/js/data	创建挂载目录挂载逻辑卷查看挂载信息
步骤二：新增一块硬盘。	在虚拟机中添加一块容量为 3TB 的硬盘，添加过程参考 9.4 小节内容，最终虚拟机设置界面如下图所示。 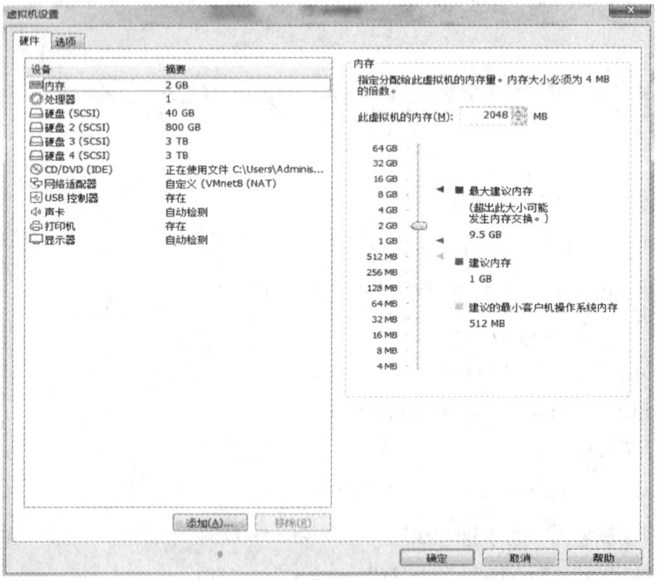	新增一块容量为 3 TB 的硬盘

续表二

操作步骤	操 作 过 程	操 作 说 明
步骤三：将/dev/sdc 和/dev/sdd 组建成软件磁盘阵列。	[root@localhost ~]# mdadm -C /dev/md0 -l 1 -n 1 -x 1 /dev/sdc / dev/sdd -f [root@localhost ~]# mkfs.xfs /dev/md0 meta-data=/dev/md0 isize=512 agcount=32, agsize=201318336blks = sectsz=512 attr=2, projid32bit=1 = crc=1 finobt=0, sparse=0 data = bsize=4096 blocks=805273344, imaxpct=5 = sunit=0 swidth=0 blks naming =version 2 bsize=4096 ascii-ci=0 ftype=1 log =internal log bsize=4096 blocks=393199, version=2 = sectsz=512 sunit=0 blks, lazy-count=1 realtime =none extsz=4096 blocks=0, rtextents=0	使用一块硬盘组建时，需要加上 f 选项 格式化 RAID
	[root@localhost ~]# mkdir /company/yf/data [root@localhost ~]# mount /dev/md0 /company/yf/data [root@localhost ~]# df -h /company/yf/data/ 文件系统 容量 已用 可用 已用% 挂载点 /dev/md0 3.0T 33M 3.0T 1% /company/yf/data	创建挂载目录挂载 RAID 查看挂载信息

【任务拓展】

某高校系统管理员为了满足新增学院存储文件需要，在学校服务器中添加一块新硬盘，并已完成硬盘分区，新增硬盘分区情况如表 10-10 所示。目前新增学院要求文件存放在/hcit/yj/WD 目录，要求存储空间最少为 260 GB，并能够随时扩容到 400 GB。

表 10-10 新增磁盘分区情况

新增磁盘大小	磁盘分区
500 GB	一个主分区，容量为 40 GB； 扩展分区，容量为 450 GB； 四个逻辑分区，容量均为 100 GB

【项目五习题】

一、选择题

1. 在 Linux 中，/dev/sdb5 表示(　　)。

A. 第 1 块 IDE 硬盘上的第 5 个逻辑分区

B. 第 2 块 IDE 硬盘上的第 1 个逻辑分区

C. 第 1 块 SCSI 硬盘上的第 5 个逻辑分区

D. 第 2 块 SCSI 硬盘上的第 1 个逻辑分区

2. 显示目录或文件占用磁盘空间容量的命令是(　　)。

A. df　　B. du　　C. fdisk　　D. parted

3. CentOS 7 中的默认根分区系统类型是(　　)。

A. xfs　　B. ext4　　C. FAT32　　D. NTFS

4. 在一个分区上建立文件系统，使用的命令是(　　)。

A. fdisk　　B. parted　　C. mkfs　　D. format

5. 下列 RAID 组中需要的最小硬盘数为 3 个的是(　　)。

A. RAID 0　　B. RAID 1　　C. RAID 5　　D. RAID 10

6. 重新加载/etc/fstab 文件中的所有条目，执行的命令是(　　)。

A. mount -a　　B. mount -b　　C. mount -c　　D. mount -d

二、判断题

1. 在 Linux 系统中，主分区最多只能创建 3 个。(　　)

2. 使用 vgcreate 命令，可以将系统中一个或多个物理卷创建为卷组。(　　)

3. 逻辑卷是建立在卷组之上的，因此逻辑卷的容量不能大于所在卷组的容量。(　　)

4. 使用 pvcreate 命令，可以将磁盘中任意一个分区创建为物理卷。(　　)

5. 在创建 Linux 分区时，一定要创建根分区。(　　)

6. 当一个目录作为一个挂载点被使用后，该目录上的原文件会被永久删除。(　　)

三、简答题

1. 简述创建逻辑卷的流程。

2. 逻辑卷进行扩容和缩小时，需要注意什么问题？

3. 简述 RAID 技术能够解决什么问题。

4. 简述 RAID 0 和 RAID 5 的区别。

项目六 Linux 基础服务配置

文件、软件、通知等资源是企事业单位的重要资源，要能满足工作人员自行下载，又要能满足其上传相关资料。本项目以文本资源共享为例，详细介绍网络基本配置、软件安装和文件传输等内容。

【知识目标】

1. 理解和掌握网络测试、网络管理和文件打包相关命令。
2. 熟练掌握 vi 编辑器的使用方法。
3. 熟练掌握本地 YUM 源、网络 YUM 源的配置方法。
4. 熟练掌握 FTP 服务配置方法。

【能力目标】

1. 根据企事业单位要求，完成网卡 IP 地址的基本配置。
2. 根据企事业单位要求，完成 FTP 服务器的搭建，实现企业内部文件传输。

任务 11 网络基本配置

【任务介绍】

在线资源下载和上传是新时代企业员工应具备的基本能力。而网络基本配置是实现上网的前提，每位员工的计算机都需要进行网络基本配置。下面以小王计算机配置为例加以说明，其计算机 IP 地址获取方式为动态方式，即采用 DHCP 协议。

【任务分析】

要实现网络基本配置，可以按以下几个步骤进行操作：

步骤一：网络连接配置。

步骤二：网络测试。

【必备知识】

完成本任务需要掌握的必备知识见 11.1～11.5 节。

11.1　vi 编辑器简介

1. vi 编辑器含义

vi 编辑器是 Linux 中最基本的文本编辑器，通常被简称为 vi。它可以执行输出、删除、查找、替换、块操作等文本操作，使用它可以高效地编辑代码、配置系统文件等。

2. vi 编辑器工作模式

vi 编辑器有三种基本工作模式：一般命令模式、编辑模式、命令行模式。

1) 一般命令模式

一般命令模式简称一般模式，使用命令“vi　文件名”可以直接进入此模式。在一般模式下，可以进行文本内容的查看、复制、删除等操作，但不能输入相关文本内容。

2) 编辑模式

在一般模式中，输入 i、o 或 a 等字母可以进入编辑模式。在此模式下，可以编辑文本内容，编辑完成后，可单击 Esc 键退出编辑状态，返回到一般模式。

3) 命令行模式

在一般模式中，输入：可以进入命令行模式。在此模式下，可以进行查找数据、替换字符、显示行号等操作。输入“：wq”，可以保存操作结果并退出 vi 编辑器。

vi 编辑器三种工作模式之间的切换如图 11-1 所示。

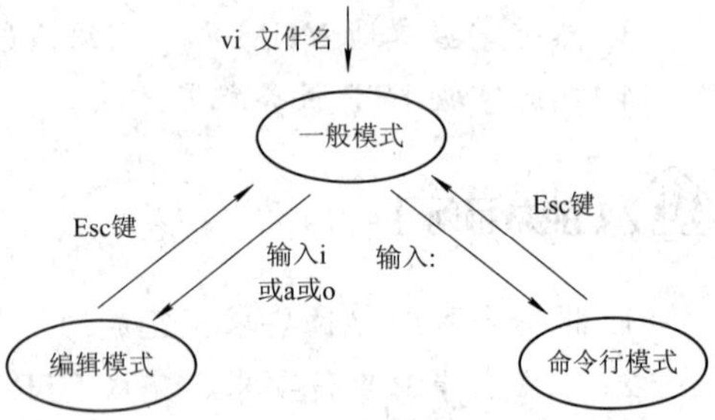

图 11-1　vi 编辑器三种模式之间的切换

11.2　vi 编辑器操作

1. vi 编辑器的一般模式操作

输入 vi + 文件名即可进入一般模式状态。常见操作如下：

1) 移动光标

vi 编辑器中移动光标的方法如表 11-1 所示。

表 11-1　移动光标的方法

操　作	功 能 描 述
Ctrl +f	屏幕向下移动一页，相当于“Page Down”按键
Ctrl +b	屏幕向上移动一页，相当于“Page Up”按键
0 或 Home	数字 0，移动到当前行的最前面
$或 End	移动到当前行的最后面
G	移动到文件的最后一行
nG	移动到文件的第 n 行
gg	移动到文件的第一行
n	n 为数字，向下移动 n 行

2) 文本内容查找与替换

vi 编辑器中常见的文本内容查找与替换方法如表 11-2 所示。

表 11-2 文本内容查找与替换的方法

命 令	功 能 描 述
/abc	从光标所在位置向前查找字符串 abc
/^abc	查找以 abc 为行首的行
/abc$	查找以 abc 为行尾的行
?abc	从光标所在位置向后查找字符串 abc
n	向同一方向重复上次的查找指令
N	向相反方向重复上次的查找指定
r	替换光标所在位置的字符
:s/a1/a2/g	将当前光标所在行中所有的 a1 都用 a2 替换
:n1,n2s/a1/a2/g	将文件 n1 到 n2 行中所有的 a1 都用 a2 替换
:g/a1/a2/g	将文件中所有的 a1 都用 a2 替换

案例 1：复制/etc/passwd 文件到/etc 目录下，并将其重命名为 pwd，然后查找/etc/pwd 文件中的字符串“shutdown”，实现代码如下：

```
[root@localhost ~]# cp   /etc/passwd   /etc/pwd                //复制文件
[root@localhost ~]# vi   /etc/pwd                              //打开文件
……(文件内容省略)……
/shutdown
```

执行命令“vi　/etc/pwd”打开/etc/pwd 文件。输入“/shutdown”，回车后可以进入 vi 编辑器的“命令行模式”并查询文件中的“shutdown”字符串，系统会高亮显示查找到的字符串，按“n”键向下查找下一个匹配的字符串，按“N”键向上查找上一个匹配的字符串。

案例 2：将 /etc/pwd 文件中所有的“root”替换为“ROOT”，实现代码如下：

```
[root@localhost ~]# vi   /etc/pwd                              //打开文件
……(文件内容省略)……
：1，$s /root/ROOT/g
```

执行命令“vi　/etc/pwd”打开/etc/pwd 文件。输入“：1，$s /root/ROOT/g”，其中“:”可以进入 vi 编辑器的“命令行模式”，“1”表示从第一行开始，“，”表示行与行的分割，“$s”表示文件的最后一行，“/”是分隔符，“root”表示要替换的字符，“ROOT”表示替换后的字符，“g”表示行。执行命令后，可以将 /etc/pwd 文件中所有的“root”替换为“ROOT”。如果需要保存替换结果，则输入“：wq”保存替换结果并退出 vi 编辑器。

3) 文本内容复制与粘贴

vi 编辑器中常见的文本内容复制和粘贴方法如表 11-3 所示。

表 11-3　文本内容复制和粘贴的方法

命　令	功 能 描 述
y	复制当前行
nyy	从当前行开始向下复制 n 行
yG	复制当前行至最后所有行
p	从光标下一行开始粘贴
P	从光标上一行开始粘贴
u	恢复前一个动作

案例 1：复制/etc/pwd 第 3、4 行内容，然后粘贴到第 1 行前面，实现代码如下：

```
[root@localhost ~]# vi   /etc/pwd                                    //打开文件
……(文件内容省略)……
3G
2yy
1G
P
```

执行命令“vi　/etc/pwd”打开/etc/pwd 文件。输入 3G，光标会移动到第 3 行；再输入 2yy，表示复制第 3、4 行内容；再输入 1G，光标会移动到第 1 行；最后输入 P，可以将第 3、4 行内容复制到第 1 行前面。

4) 文本内容删除

vi 编辑器中常见的文本内容删除方法如表 11-4 所示。

表 11-4　文本内容删除方法

命　令	功 能 描 述
x	删除当前字符
nx	删除从光标开始的 n 个字符
dd	删除当前行
ndd	向下删除当前行在内的 n 行
u	撤销上一步操作
U	撤销对当前行的所有操作

案例 1：删除文件/etc/pwd 中第 5 行内容，实现代码如下：

```
[root@localhost ~]# vi   /etc/pwd                                    //打开文件
……(文件内容省略)……
5G
dd
```

执行命令“vi　/etc/pwd”打开/etc/pwd 文件。输入 5G，光标会移动到第 5 行；再输入 dd，可以删除当前行，即第 5 行内容。

案例 2：删除文件/etc/pwd 中第 2～4 行的内容，实现代码如下：

```
[root@localhost ~]# vi  /etc/pwd                                     //打开文件
……(文件内容省略)……
2G
3dd
```

执行命令“vi　/etc/pwd”打开/etc/pwd 文件。输入 2G，光标会移动到第 2 行；再输入 3dd，可以从当前行向下删除 3 行，即删除第 2～4 行的内容。

2. vi 编辑器的编辑模式操作

在一般模式下输入 i 即可进入编辑模式，进入编辑模式就可以对文本内容进行添加、修改、删除等操作，下面结合具体案例进行讲解。

案例：在文件/etc/file 中输入“How are you ?”。

```
[root@localhost ~]# vi  /etc/file                                    //打开文件
i
Howareyou?
```

执行命令“vi　/etc/ file”打开/etc/ file 文件，如果该文件不存在，可以新建该文件。输入 i，可以进入文本编辑状态；再输入“Howareyou？”。

3. vi 编辑器的命令行模式操作

在 vi 编辑器的一般模式下输入：可以进入命令行模式，命令行模式的常用命令如表 11-5 所示。

表 11-5　命令行模式的常用命令

命　令	功 能 描 述
：q	不保存退出
：wq	保存退出
：q!	不保存强制退出
：set nu	显示行号
：set nonu	取消行号，撤销上一步操作

案例 1：打开/etc/passwd 文件，显示文件行号，实现代码与结果如下：

```
[root@localhost ~]# vi  /etc/passwd                                  //打开文件
：set nu
1 root:x:0:0:root:/root:/bin/bash
2 bin:x:1:1:bin:/bin:/sbin/nologin
3 daemon:x:2:2:daemon:/sbin:/sbin/nologin
4 adm:x:3:4:adm:/var/adm:/sbin/nologin
5 lp:x:4:7:lp:/var/spool/lpd:/sbin/nologin
……(下面省略)……
```

执行命令“vi　/etc/ passwd”打开/etc/passwd 文件。输入“：set nu”可以显示文件中每一行的行号。

案例 2：打开/etc/file 文件，输入“Finethanks！”，然后保存退出。

```
[root@localhost ~]# vi   /etc/file                    //打开文件
o
Howareyou?
Finethanks !
Esc 键
：wq
```

执行命令“vi　/etc/ file”打开/etc/ file 文件。输入“o”进入编辑状态，将光标移动到文件最后，输入“Finethanks !”，然后单击“Esc”键，退出编辑状态，切换到一般模式，输入“：wq”保存输入内容并退出 vi 编辑器。

11.3　网络连接配置

下面以“桥接模式”作为网络连接方式，讲解网络连接的配置，具体步骤如下：

步骤一：选择物理网卡网络连接方式。

在虚拟机菜单栏中，单击“虚拟机”菜单，在弹出的“虚拟机设置”窗口中单击“网络适配器”选项，再选择“桥接模式”选项，结果如图 11-2 所示。最后，单击“确定”按钮即可。

图 11-2　网络连接模式设置界面

步骤二：查询本地连接网卡信息。

在 Windows 桌面任务栏中单击网络连接图标，再单击本地连接网卡的属性，可以查看网卡连接信息，结果如图 11-3 所示。

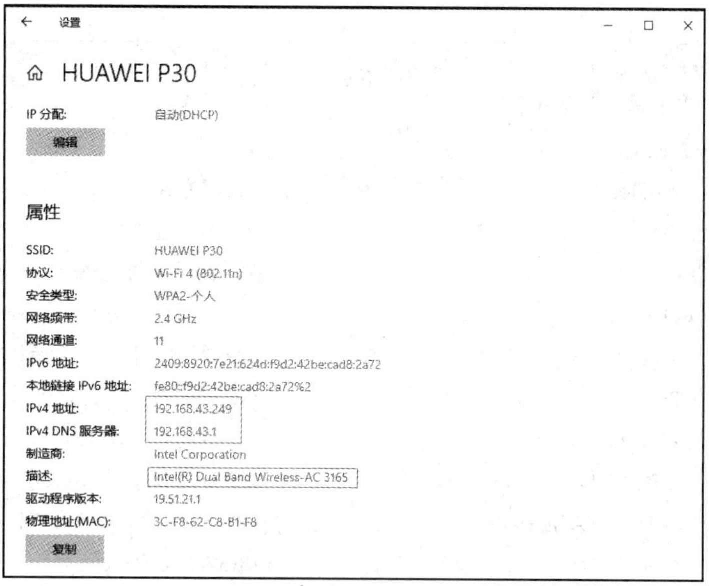

图 11-3　本地主机网卡属性

从图 11-3 中可以看出，本地网卡的名称为 Intel(R) Dual Band Wireless-AC 3165，IP 地址为 192.168.43.249。

步骤三：配置虚拟机。

在虚拟机菜单栏中，依次单击“编辑”“虚拟网络编辑器”，在弹出的窗口中单击“更改设置”按钮，在弹出的最上面的窗口中先选择“VMnet0”，再在“VMnet 信息”子窗口中选择刚才查询到的网卡，配置结果如图 11-4 所示。最后，单击“确定”按钮即可。

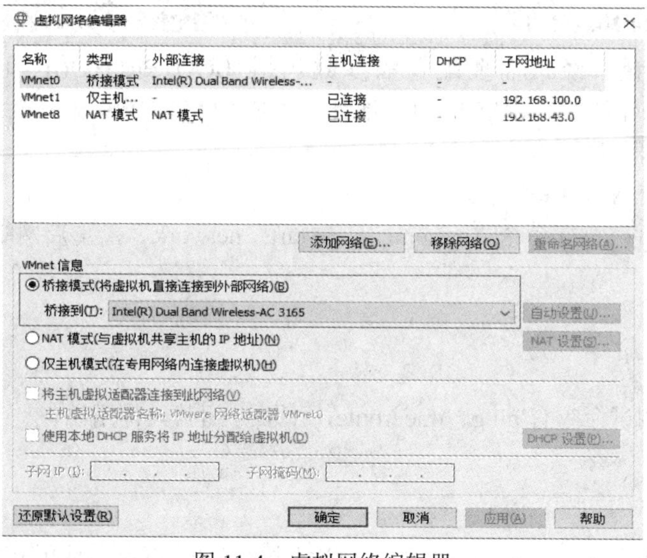

图 11-4　虚拟网络编辑器

步骤四：配置网卡 IP 地址。

系统网络配置文件在 /etc/sysconfig/network-scripts 目录下，其中，网卡的配置文件格式为 /etc/sysconfig/network-scripts/ifcfg-网卡名。一般情况下，第一个文件就是第一块网卡的配置信息，ifcfg-lo 表示回路的配置文件。下面以 ifcfg-ens33 网卡为例，详细介绍其配置文件的内容：

```
[root@localhost ~]# vi/   etc/sysconfig/network-scripts/ifcfg-ens33
更改以下内容，保存退出
TYPE=Ethernet                                   //网络类型
PROXY_METHOD=none                               //代理方式
BROWSER_ONLY=no                                 //只是浏览器
BOOTPROTO=static                                //获取 ip 地址方式
DEFROUTE=yes                                    //设置默认路由
IPV4_FAILURE_FATAL=no                           //是否开启 IPv4 致命错误检测
IPV6INIT=yes                                    //IPv6 是否自动初始化
IPV6_AUTOCONF=yes                               //IPv6 是否自动配置
IPV6_DEFROUTE=yes                               //IPv6 是否可以为默认路由
IPV6_FAILURE_FATAL=no                           //是否开启 IPv6 致命错误检测
IPV6_ADDR_GEN_MODE=stable-privacy               //IPv6 地址生成模型
NAME=ens33                                      //网卡物理设备名称
UUID=5db12b3c-2f50-4801-a908-852e978a653c       //UUID 识别码
DEVICE=ens33                                    //网卡设备名称
ONBOOT=yes                                      //开机自启
IPADDR=192.168.43.10                            //网卡 IP 地址
NETMASK=255.255.255.0                           //子网掩码
GATEWAY=192.168.43.254                          //网关地址
DNS1=114.114.114.114                            //指定第一个 DNS 服务器
```

对于网卡配置，经常需要配置的参数包括 BOOTPROTO(IP 地址获取方式)、ONBOOT(开机启动方式)、IPADDR(IP 地址)、NETMASK(子网掩码)、GATEWAY(网关)和 DNS(域名服务器)等。

步骤五：重启网卡。

在配置完成后，执行命令“systemctl restart network”，重启网络服务，实现网卡信息的更新。

11.4　网络测试命令

常用的网络测试命令有 ping、traceroute，下面介绍其具体用法。

1. ping 命令

1) 命令作用

ping 命令用来测试主机之间网络的连通性。执行 ping 指令会使用 ICMP 传输协议，发出要求回应的信息，若远端主机的网络功能没有问题，就会回应该信息，因而得知该主机运作正常。

2) 命令格式

ping 命令的格式为“ping [选项] [参数]”。

3) 命令选项

ping 命令选项及含义如表 11-6 所示。

表 11-6 ping 命令选项及含义

选项名称	选 项 含 义
-c	要求回应的次数
-f	极限检测
-i	指定收发信息的间隔时间
-R	记录路由过程
-s	设置数据包的大小
-t	设置存活数值 TTL 的大小

4) 命令案例

案例 1：测试本机与 qq.com 是否能够通信，实现代码与结果如下：

```
[root@localhost ~]# ping   qq.com                    //测试与网站的连通性
PING qq.com (125.39.52.26) 56(84) bytes of data.
64 bytes from no-data (125.39.52.26): icmp_seq=1 ttl=47 time=77.3 ms
64 bytes from no-data (125.39.52.26): icmp_seq=2 ttl=47 time=84.0 ms
64 bytes from no-data (125.39.52.26): icmp_seq=3 ttl=47 time=57.5 ms
    ……(下面省略)……
```

执行命令“ping qq.com”，可以测试本机与 qq.com 是否通信。可以看到，本机与 qq.com 之间是可以正常通信的。不加选项时，ping 命令会一直执行下去，需要使用快捷键“Ctrl + C”终止命令。

案例 2：测试本机与 www.baidu.com 是否能够通信，设置每隔一秒 ping 一次，一共 ping 三次，实现代码与结果如下：

```
[root@localhost ~]#   ping   -c   3   -i   1   www.baidu.com        //加入参数测试
PING www.a.shifen.com (183.232.231.174) 56(84) bytes of data.
64 bytes from 183.232.231.174 (183.232.231.174): icmp_seq=1 ttl=53 time=64.7 ms
64 bytes from 183.232.231.174 (183.232.231.174): icmp_seq=2 ttl=53 time=63.1 ms
64 bytes from 183.232.231.174 (183.232.231.174): icmp_seq=3 ttl=53 time=61.1 ms
--- www.a.shifen.com ping statistics ---
3 packets transmitted, 3 received, 0% packet loss, time 2003ms
rtt min/avg/max/mdev = 61.114/63.011/64.771/1.496 ms
```

ping 命令在测试过程中可以增加一些选项，来实现测试控制。加上 -c 选项，可以设置测试的次数；加上 -i 选项，可以设置测试的时间间隔，单位为秒。执行命令“ping -c 3 -i 1 www.baidu.com”，可以测试本机与 www.baidu.com 是否能够通信，每隔一秒执行一次，一共执行三次测试，自动结束 ping 命令。

2. traceroute 命令

1) 命令作用

traceroute 命令用于检测发出数据包的主机到目标主机之间所经过的网关，它默认发送的数据包大小是 40 字节。

2) 命令格式

traceroute 命令的格式为“traceroute　[选项]　[参数]”。

3) 命令选项

traceroute 命令选项及含义如表 11-7 所示。

表 11-7　traceroute 命令选项及含义

选项名称	选 项 含 义
-g	设置来源路由网关，最多可设置 8 个
-i	使用指定的网络界面送出数据包
-m	设置检测数据包的最大存活数值 TTL 的大小
-n	直接使用 IP 地址而非主机名称
-p	设置 UDP 传输协议的通信端口
-q	设置网关发送包个数
-s	本地主机送出数据包的 IP 地址
-t	设置检测数据包的 TOS 数值
-w	设置等待远端主机回报的时间
-x	开启或关闭数据包的正确性检验

4) 命令案例

案例 1：测试本机到 www.baidu.com 的路由，实现代码与结果如下：

```
[root@localhost ~]# traceroutewww.baidu.com                    //测试本机到百度的路由
 1  gateway (192.168.43.1)  6.043 ms  5.852 ms  10.658 ms
 2  * * *
 3  10.136.147.130 (10.136.147.130)  39.398 ms  39.574 ms  57.772 ms
 4  * * *
 5  * * *
 6  221.183.47.85 (221.183.47.85)  78.398 ms  21.938 ms  21.411 ms
 7  221.183.41.41 (221.183.41.41)  59.223 ms * *
 8  * * *
 9  120.241.49.238 (120.241.49.238)  74.847 ms 120.241.49.234 (120.241.49.234)  64.314 ms
120.241.48.194 (120.241.48.194)  76.157 ms
10  * *
```

traceroute 命令用来测试路由情况，以上是测试百度的路由结果。记录按序列号从 1 开始，每个记录就是一跳，每跳表示一个网关。默认情况下，数据包向每个网关发送 3 个数据包，网关响应后返回时间，所以看到每行中有 3 个返回时间，单位是 ms。

案例 2：测试本机 ww.baidu.com 的路由，设置只显示 5 个网关的信息，要求只显示 IP 地址，每次发包 4 个，包探测响应时间为 3 秒，实现代码与结果如下：

```
[root@localhost ~]# traceroute  -n  -m  5  -q  4  -w  3  www.baidu.com
traceroute to www.baidu.com (183.232.231.174), 5 hops max, 60 byte packets
 1  192.168.43.1  15.377 ms  21.289 ms  58.868 ms  109.999 ms
 2  * * * *
 3  10.136.147.130  176.092 ms  177.565 ms  178.893 ms  175.766 ms
 4  * * * *
 5  183.207.220.161  163.463 ms  157.275 ms  120.882 ms  70.328 ms
```

执行命令“traceroute -n -m 5 -q 4 -w 3 www.baidu.com”，其中-n 表示只显示 IP 地址，不显示主机名；“-m 5”表示设置跳数为 5，也就是只显示 5 行数据；“-q 4”表示设置每个网关发送数据包个数为 4 个；“-w 3”表示设置对外发探测包的等待响应时间为 3 秒。执行命令后，可以看到本机到 www.baidu.com 之间，5 个网关及网关响应后返回的时间等相关信息。

11.5 网络管理命令

常用的网络管理命令有 ifconfig、wget，下面介绍其具体用法。

1. ifconfig 命令

1) 命令作用

ifconfig 命令用于显示或设置网络设备。

2) 命令格式

ifconfig 命令的格式为“ifconfig [选项] [参数]”。

3) 命令选项

ifconfig 命令选项及含义如表 11-8 所示。

表 11-8 ifconfig 命令选项及含义

选项名称	选 项 含 义
add<地址>	设置网络设备 IPv6 的 IP 地址
del<地址>	删除网络设备 IPv6 的 IP 地址
down	关闭指定的网络设备
io_addr<I/O 地址>	设置网络设备的 I/O 地址
media<网络媒介类型>	设置网络设备的媒介类型
netmask<子网掩码>	设置网络设备的子网掩码
up	启动指定的网络设备
IP 地址	指定网络设备的 IP 地址
网络设备	指定网络设备的名称

4) 命令案例

案例 1：查看当前系统中的网络设备信息，实现代码与结果如下：

```
[root@localhost ~]# ifconfig                                   //查询网络设备信息
ens33: flags=4163<UP,BROADCAST,RUNNING,MULTICAST>  mtu 1500
        inet 192.168.43.10  netmask 255.255.255.0  broadcast 192.168.43.255
        inet6 fe80::8a52:77f9:a984:d1e8  prefixlen 64  scopeid 0x20<link>
        inet6 2409:8920:7e21:624d:d06a:afd8:14e8:82bc  prefixlen 64  scopeid 0x0<global>
        ether 00:0c:29:7f:94:87  txqueuelen 1000  (Ethernet)
        RX packets 154  bytes 12542 (12.2 KiB)
        RX errors 0  dropped 0  overruns 0  frame 0
        TX packets 45  bytes 6259 (6.1 KiB)
        TX errors 0  dropped 0 overruns 0  carrier 0  collisions 0

lo: flags=73<UP,LOOPBACK,RUNNING>  mtu 65536
        inet 127.0.0.1  netmask 255.0.0.0
        inet6 ::1  prefixlen 128  scopeid 0x10<host>
        loop  txqueuelen 1000  (Local Loopback)
        RX packets 532  bytes 46336 (45.2 KiB)
        RX errors 0  dropped 0  overruns 0  frame 0
        TX packets 532  bytes 46336 (45.2 KiB)
        TX errors 0  dropped 0 overruns 0  carrier 0  collisions 0

virbr0: flags=4099<UP,BROADCAST,MULTICAST>  mtu 1500
        inet 192.168.122.1  netmask 255.255.255.0  broadcast 192.168.122.255
        ether 52:54:00:f9:87:6e  txqueuelen 1000  (Ethernet)
        RX packets 0  bytes 0 (0.0 B)
        RX errors 0  dropped 0  overruns 0  frame 0
        TX packets 0  bytes 0 (0.0 B)
        TX errors 0  dropped 0 overruns 0  carrier 0  collisions 0
```

不加任何参数直接执行 ifconfig 命令可以查看到当前系统中所有处于激活状态的网络设备信息。其中 ens33 是 CentOS 7 系统中默认的第一张网卡名称；lo 是 loopback 的缩写，表示主机的回环地址，Linux 系统默认会有一个名为 lo 的环回网络接口，对应的 IP 地址为 127.0.0.1；virbr0 是 KVM 默认创建的一个网桥，其作用是为连接的虚机网卡提供 NAT 访问外网的功能，virbr0 默认分配了一个 IP 192.168.122.1。

案例 2：将 ens33 网卡的 IP 地址设置为 192.168.43.202，掩码设置为 255.255.255.0，广播地址设置为 192.168.43.255，实现代码与结果如下：

```
[root@localhost ~]# ifconfig ens33 192.168.43.202 netmask 255.255.255.0 broadcast 192.168.43.255
```

使用 ifconfig 命令为网卡配置 IP 地址，是临时生效。如果想永久修改网卡的 IP 地址，需要修改网卡的配置文件。网卡 ens33 对应的网卡配置文件是/etc/sysconfig/network-scripts/

ifcfg-ens33。

案例 3：禁用 ens33 网卡及重新启动 ens33 网卡，实现代码与结果如下：

```
[root@localhost ~]# ifconfig   ens33   down                  //禁用网卡
[root@localhost ~]# ifconfig   ens33   up                    //启动网卡
```

使用 ifconfig 命令，可以禁用和启动网卡。需要注意的是，如果采用 ssh 方式登录只有一张网卡的服务器，禁用网卡后，ssh 连接就会断开。

2. wget 命令

1) 命令作用

wget 命令用来从指定的 URL 下载文件。

2) 命令格式

wget 命令的格式为“wget [选项] [参数]”。

3) 命令选项

wget 命令选项及含义如表 11-9 所示。

表 11-9 wget 命令选项及含义

选项名称	选 项 含 义
-A	指定要下载文件的后缀名
-b	后台下载
-i	从指定文件获取要下载的 URL 地址
-c	继续执行上次终端的任务
-r	递归下载方式
-O	把文档写到文件中
-nc	下载文件不覆盖原有文件

4) 命令案例

案例 1：下载百度首页内容并保存到默认文件，实现代码与结果如下：

```
[root@localhost ~]# wget   http://www.baidu.com                 //下载网页内容
--2020-02-22 21:43:10--   http://www.baidu.com/
正在解析主机 www.baidu.com (www.baidu.com)... 183.232.231.172, 183.232.231.174
正在连接 www.baidu.com (www.baidu.com)|183.232.231.172|:80... 已连接。
已发出 HTTP 请求，正在等待回应... 200 OK
长度：2381 (2.3K) [text/html]
正在保存至: “index.html”

100%[=====================================================================
==================================>] 2,381         --.-K/s 用时 0s

2020-02-22 21:43:10 (115 MB/s) - 已保存“index.html” [2381/2381])...
```

执行命令“wget　http://www.baidu.com”，可以下载百度主页的内容，默认保存在 index.html 文件中。

案例 2：下载百度首页内容并保存到 baidu.zip 文件中，实现代码与结果如下：

```
[root@localhost ~]# wget  -O  baidu.zip  http://www.baidu.com
--2020-02-22 21:46:28--  http://www.baidu.com/
正在解析主机 www.baidu.com (www.baidu.com)... 183.232.231.174, 183.232.231.172
正在连接 www.baidu.com (www.baidu.com)|183.232.231.174|:80... 已连接。
已发出 HTTP 请求，正在等待回应... 200 OK
长度：2381 (2.3K) [text/html]
正在保存至: “baidu.zip”

100%[=====================================================================
=======================================>] 2,381         --.-K/s 用时 0s

2020-02-22 21:46:29 (139 MB/s) - 已保存“baidu.zip” [2381/2381])
```

使用 wget 命令，加上 -O 选项，可以把文件下载到指定文件中。执行命令“wget　-O baidu.zip　http://www.baidu.com”，可以将百度首页内容保存到 baidu.zip 文件中。

【任务实施】

任务 11 的实施过程如表 11-10 所示。

表 11-10　任务 11 的实施过程

操作步骤	操 作 过 程	操 作 说 明
步骤一：网络连接配置。	1. 将物理网卡连接模式设置为仅主机模式，结果如下图所示。 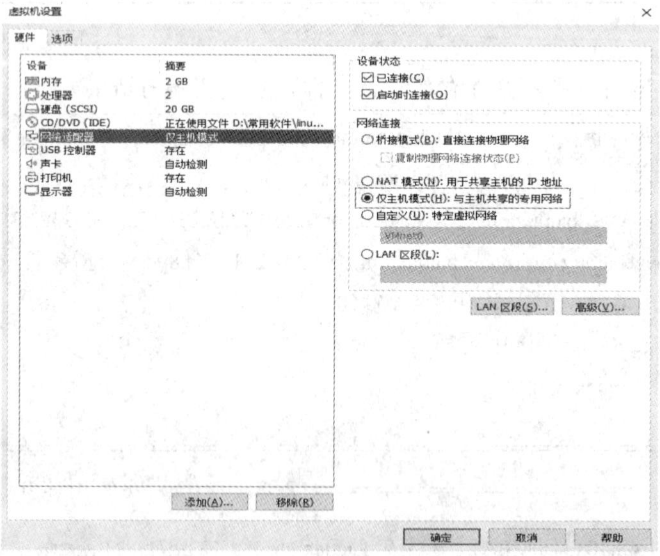	对于终端计算机来讲，选择“仅主机模式”。

续表

操作步骤	操 作 过 程	操 作 说 明
步骤一：网络连接配置。	2. 将虚拟网络编辑器中的VMnet1设置为仅主机模式，结果如下图所示。 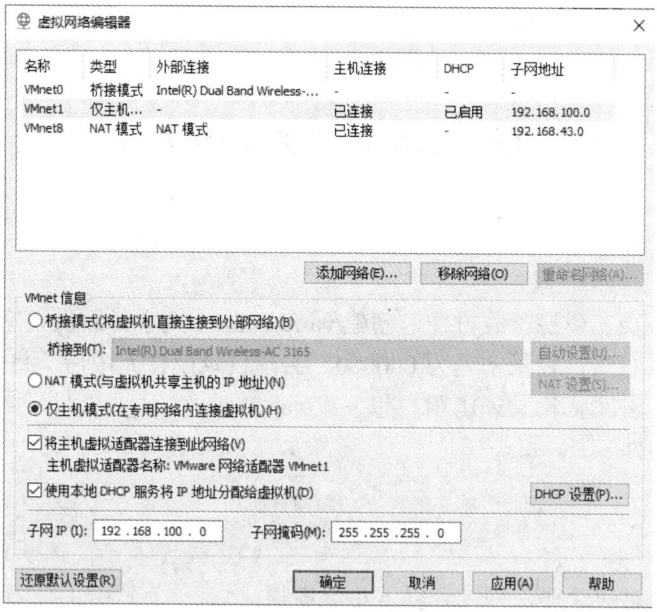 3. 利用网卡配置文件，进行网卡基本配置。 [root@localhost ~]# vi /etc/sysconfig/network-scripts/ifcfg-ens33 输入以下内容，保存退出。 BOOTPROTO=dhcp ONBOOT=yes 4. 输入“systemctl restart network”命令，重启网卡。	这里选择VMnet1，并将其设置为仅主机模式，启用本地DHCP，子网IP地址设置在192.168.100.0网段。
步骤二：网络测试。	[root@localhost ~]# ifconfig ens33: flags=4163<UP,BROADCAST,RUNNING,MULTICAST> mtu 1500 inet **192.168.100.128** netmask 255.255.255.0 broadcast 192.168.100.255 inet6 fe80::4f3e:4fd2:86d9:50d prefixlen 64 scopeid 0x20<link> ether 00:0c:29:7f:94:87 txqueuelen 1000 (Ethernet) RX packets 1392 bytes 121914 (119.0 KiB) RX errors 0 dropped 0 overruns 0 frame 0 TX packets 487 bytes 51832 (50.6 KiB) TX errors 0 dropped 0 overruns 0 carrier 0 collisions 0 ……(下面省略)……	利用ifconfig获取IP地址，可以看到ens33这张网卡地址为192.168.100.128，为自动获取的IP地址，说明网卡测试正常。

【任务拓展】

某高校计划组建局域网，满足教师资源下载和上传需要。要求每位教师先将自己的计算机网卡配置好，其计算机 IP 地址获取方式为动态方式，采用 DHCP 协议。配置完成后，进行相关网络测试，确保能上网。

任务 12　Linux 系统文件传输

【任务介绍】

M 公司为了企业员工资源下载方便，创建/var/common 共享目录供大家上传和下载文件，交由管理员 tech 负责，登录密码为 000000。共享目录创建完成后，将 yf_soft 目录下的常用软件打包放在该目录下。fw01 用户想下载/var/common/yf_soft 目录文件，同时上传自己创建的 fw100 文件。

【任务分析】

要实现该企业信息的管理，可以分以下几个步骤：

步骤一：创建共享目录。

步骤二：添加管理员。

步骤三：安装 FTP 服务器。

步骤四：配置用户访问控制。

步骤五：文件传输。

【必备知识】

完成本任务需要掌握的必备知识见 12.1～12.5 小节。

12.1　文件的打包(tar)

1. 命令作用

tar 命令主要用来将多个文件打包为一个文件，将文件打包并压缩，将打包的文件解包，将打包压缩的文件解压。

2. 命令格式

tar 命令的格式为“tar　[选项]　文件名/目录名”。

3. 命令选项

tar 命令选项及含义如表 12-1 所示。

表 12-1　tar 命令选项及含义

选项名称	选 项 含 义
-A	追加 tar 文件至归档
-c	创建一个新归档
-C	切换到指定的目录
-f	指定备份文件
-p	用原来的文件权限还原文件
-r	追加文件至归档结尾
-t	列出归档内容
-z	通过 gzip 压缩归档
-j	通过 bzip2 压缩归档
-k	保留源文件不覆盖
-v	显示指令执行过程
-x	从备份文件中还原文件

4. 命令案例

案例 1：新建/tmp/example 目录，在该目录下新建两个文件 file 1 和 file 2，打包/tmp/example 目录及所有文件，并按照 gzip 格式压缩为 file.tar.gz，保存到/tmp 目录下，实现代码与结果如下：

```
[root@localhost ~]# mkdir  /tmp/example                          //创建目录
[root@localhost ~]# touch  /tmp/example/file{1,2}                //创建文件
[root@localhost ~]# tar  -zcpv  -f  /tmp/file.tar.gz  /tmp/example   //打包文件
tar: 从成员名中删除开头的“/”
/tmp/example/
/tmp/example/file1
/tmp/example/file2
[root@localhost ~]# ll  /tmp/file.tar.gz                         //查看文件
-rw-r--r--. 1  root  root  160  2月  23  18:43  /tmp/file.tar.gz
```

步骤一：执行命令“mkdir　/tmp/example”，在 tmp 目录下创建一个 example 目录。

步骤二：执行命令“touch　/tmp/example/ file {1,2}”，在 example 目录下，创建 file 1、file 2 两个文件。

步骤三：执行命令“tar　-zcpv　-f　/tmp/file.tar.gz　/tmp/example”，可以将 /tmp/example 目录及所有文件打包成 file.tar.gz，保存在/tmp 目录下。

步骤四：执行命令“ll　/tmp/file.tar.gz”，可以查看压缩文件的相关属性信息。

案例 2：将 /tmp/ file.tar.gz 解压到 /mnt 目录。

```
[root@localhost ~]# tar  -xzv  -f  /tmp/ file.tar.gz  -C  /mnt     //打包文件
tmp/example/
tmp/example/file 1
tmp/example/file 2
```

```
[root@localhost ~]# ll -R   /mnt                                  //查看目录内容
…
/mnt/tmp:
总用量 0
drwxr-xr-x. 2  root  root  38  2月  23  18:36  example
/mnt/tmp/example:
总用量 0
-rw-r--r--. 1  root  root  0  2月  23  18:36  file1
-rw-r--r--. 1  root  root  0  2月  23  18:36  file2
```

执行命令"tar -xzv -f /tmp/ file.tar.gz -C /mnt",可以将 /tmp/ file.tar.gz 解压到 /mnt 目录下。再执行命令"ll -R /mnt",可以看到压缩文件中的内容已经存放在 /mnt 目录下。

12.2 Linux 安全策略

Linux 具有较强的安全性控制，与其本身的安全策略和防火墙控制是分不开的。提起 Linux 的安全，就不得不说到 Linux 安全的重要组成部件：SELinux、Firewall、Iptables。在 CentOS 7 中 Firewall 取代了 Iptables。

1. SELinux 简介

SELinux(Secure Enhanced Linux)，中文翻译为安全增强的 Linux，是由美国国家安全局 NSA 针对计算机基础结构安全开发的一个全新的 Linux 安全策略机制。SELinux 作为内核型的加强性防火墙，通过 SELinux 对系统中的文件和资源添加标签，从而提高安全性。

1) SELinux 的工作模式

SELinux 的工作模式一共有三种：Enforcing、Permissive 和 Disabled，具体含义如下：

Enforcing(强制)模式：只要是违反策略的行动都会被禁止，并作为内核信息记录。

Permissive(允许)模式：违反策略的行动不会被禁止，但是会提示警告信息。

Disabled(禁用)模式：禁用 SELinux，与不带 SELinux 系统是一样的，通常情况下，将模式设置成 Disabled，这样在访问一些网络应用时就不会出问题了。

2) SELinux 的工作模式查看(getenforce)

如果要查询当前 SELinux 的工作模式直接输入命令即可，实现代码及结果如下：

```
[root@localhost ~]# getenforce                        //查看 SELinux 的工作模式
Enforcing
```

从允许结果可以看出，当前 SELinux 的工作模式为 Enforcing 模式。

3) SELinux 工作模式临时设置(setenforce)

(1) 命令作用。

setenforce 命令主要用来临时设置 SELinux 的工作模式。

(2) 命令格式。

setenforce 命令的格式为"setenforce 参数"。

(3) 命令选项。

setenforce 命令选项参数只有 0 和 1 两个，0 表示 Permissive，1 表示 Enforcing。

(4) 命令案例。

案例 1：将 SELinux 的工作模式设置为 Permissive 模式，实现代码及结果如下：

```
[root@localhost ~]# setenforce  0                  //设置 SELinux 的工作模式
[root@localhost ~]# getenforce                     //查看 SELinux 的工作模式
Permissive
```

执行命令“setenforce 0”，可以将 SELinux 的工作模式设置为 Permissive，使用 getenforce 命令，可以看到 SELinux 的工作模式已经修改为 Permissive。

案例 2：将 SELinux 的工作模式设置为 Enforcing 模式，实现代码及结果如下：

```
[root@localhost ~]# setenforce  1                  //设置 SELinux 的工作模式
[root@localhost ~]# getenforce                     //查看 SELinux 的工作模式
Enforcing
```

执行命令“setenforce 1”，可以将 SELinux 的工作模式设置为 Enforcing，使用 getenforce 命令，可以看到 SELinux 的工作模式已经修改为 Enforcing。

4) SELinux 的工作模式永久设置

SELinux 的工作模式永久设置可通过修改其文件/etc/sysconfig/selinux 来实现。例如设置不启用 SELinux，实现代码及结果如下：

```
[root@localhost ~]# vi  /etc/sysconfig/selinux     //打开 SELinux 配置文件
……(前面省略)……
SELINUX=disable                                    //设置 SELinux 的工作模式
……(下面省略)……
[root@localhost ~]# getenforce                     //查看 SELinux 的工作模式
disable
```

使用 vi 命令，打开 SELinux 配置文件，修改“SELINUX=disable”，这里 disable 表示不启用 SELinux，使用 getenforce 命令，可以看到 SELinux 的工作模式已经修改为 disable。

2. Firewall 简介

Firewall 中文翻译为防火墙，是一种位于内部网络与外部网络之间的网络安全系统，是一项信息安全的防护系统，依照特定的规则，允许或是限制传输的数据通过。

1) Firewall 命令

Firewall 常用命令如表 12-2 所示。

表 12-2 Firewall 常用命令

命 令	命令功能
systemctl status firewalld	查看防火墙状态
systemctl start firewalld	启动防火墙
systemctl stop firewalld	停止防火墙
systemctl restart firewalld	重启防火墙
systemctl enable firewalld	开机自启动防火墙
systemctl disable firewalld	关闭开机自启动防火墙

2) Firewall 管理

Firewall 的字符界面管理工具是“firewall-cmd”，其常见的用法如表 12-3 所示。

表 12-3 firewall-cmd 常用命令

命 令	命令功能
firewall-cmd --state	查看防火墙状态
firewall-cmd --list-all	查看防火墙规则
firewall-cmd --list-port	查看开放的端口
firewall-cmd --add-port=XX/tcp	开放 XX 端口
firewall-cmd --add-port=XX/tcp --permanent	永久开放 XX 端口
firewall-cmd --remove-port=XX/tcp	关闭 XX 端口
firewall-cmd --remove-port=XX/tcp --permanent	永久关闭 XX 端口
firewall-cmd --list-services	查看开放的服务
firewall-cmd --add-service=服务名	临时开放某服务
firewall-cmd --remove-service=服务名	临时移除某服务
firewall-cmd --add-masquerade	允许端口转发
firewall-cmd --add-forward-port	端口转发设置
firewall-cmd --reload	更新防火墙规则

3) Firewall 案例

案例 1：将本机 80 端口转发至 8080 端口，实现代码及结果如下：

```
[root@localhost ~]# firewall-cmd  --add-port=80/tcp  --permanent      //开放 80 端口
[root@localhost ~]# firewall-cmd  --add-port=8080/tcp  --permanent    //开放 8080 端口
[root@localhost ~]# firewall-cmd  --reload                            //更新防火墙规则
[root@localhost ~]# firewall-cmd --add-masquerade                     //允许端口转发
[root@localhost ~]# firewall-cmd --add-forward-port=port=80:proto=tcp:toport=8080
[root@localhost ~]# firewall-cmd  --list-all
public
  target: default
  icmp-block-inversion: no
  interfaces:
  sources:
  services: ssh dhcpv6-client
  ports: 80/tcp 8080/tcp
  protocols:
  masquerade: no
  forward-ports: port=80:proto=tcp:toport=8080:toaddr=
  source-ports:
```

```
icmp-blocks:
rich rules:
```

端口转发可以将指定地址访问指定的端口时，将流量转发至指定地址的指定端口。转发的目的如果不指定 ip 的话就默认为本机。

首先开放本机的 80 和 8080 端口，更新防火墙规则；再执行命令“firewall-cmd --add-masquerade”，允许进行端口转发，再设置端口转发规则。最后执行命令“firewall-cmd --list-all”，查看当前的防火墙规则中，端口转发已经生效。

12.3　yum 软件包管理器

1. yum 简介

yum (Yellowdog Updater Modified)是 CentOS 系统中 Shell 前端软件包管理器。基于 RPM 包管理，能够从指定的服务器自动下载 RPM 包并且安装，可以自动处理依赖性关系，并且一次安装所有依赖的软件包，无须繁琐地一次次下载、安装。yum 提供了查找、安装、删除某一个、一组甚至全部软件包的命令。

2. yum 命令格式

yum 命令的格式为“yum　[选项]　[参数]”。

3. yum 命令选项

yum 命令选项及含义如表 12-4 所示。

表 12-4　yum 命令选项及含义

选项名称	选项含义
-y	安装过程提示选择全部为“yes”
-q	不显示安装的过程
check-update	列出所有可更新的软件清单
cleanall	清除缓存命令
list	列出所有可安装的软件清单
install　<软件包>	仅安装指定的软件
update　<软件包>	更新指定软件
remove	删除软件
update	更新所有软件

4. 命令案例

案例 1：配置本地 yum 源，并执行 telnet 命令，具体操作步骤如下：

步骤一：挂载光盘文件。

```
[root@localhost ~]# mkdir   /mnt/cdrom                                   //创建目录
[root@localhost ~]# mount   /dev/cdrom   /mnt/cdrom                      //挂载目录
mount: /dev/sr0  写保护，将以只读方式挂载
```

将光盘文件挂载到本地目录，便于调用光盘的文件。执行命令“mkdir　/mnt/cdrom”，新建一个目录，再执行命令“mount　/dev/cdrom　/mnt/cdrom”，将光盘文件挂载到刚新建的目录。

步骤二：配置本地 yum 源文件。

```
[root@localhost ~]# rm  -rf  /etc/yum.repos.d/*                    //删除文件
[root@localhost ~]# vi  /etc/yum.repos.d/local.repo                //打开新文件
i                                                                   //进入编辑状态
[local]                               //软件源的名称，系统中唯一
name=local                            //软件源的名称描述
baseurl=file:///mnt/cdrom             //镜像地址，即挂载点
enabled=1                             // repo 中定义的源是启用的，0 为禁用
gpgcheck=0                            //是否检查软件的有效性，1 检查，0 不检查
```

首先执行命令“rm　-rf　/etc/yum.repos.d/*”，删除系统中原有的 yum 源文件；执行命令“vi　/etc/yum.repos.d/local.repo”，创建并打开一个新文件，输入“i”进入编辑模式，输入本地 yum 配置内容，输入完成后，保存退出。

步骤三：清除缓存。

```
[root@localhost ~]# yum  clean  all                                //清除缓存
[root@localhost ~]# yum  list                                      //yum 列表
……(上面省略)……
yum-plugin-verify.noarch              1.1.31-50.el7          local
yum-plugin-versionlock.noarch         1.1.31-50.el7          local
zlib-devel.x86_64                     1.2.7-18.el7           local
zsh.x86_64                            5.0.2-31.el7           local
zziplib.x86_64                        0.13.62-9.el7          local
```

执行命令“yumcleanall”清除缓存，执行命令“yumlist”可以显示所有可安装的软件清单。

步骤四：安装软件包。

```
[root@localhost ~]# yum  search  telnet                            //查找软件包
已加载插件：fastestmirror, langpacks
Loading mirror speeds from cached hostfile
============================================================ N/S matched:
telnet ============================================================
telnet.x86_64 : The client program for the Telnet remote login protocol
telnet-server.x86_64 : The server program for the Telnet remote login protocol
[root@localhost ~]# yum  install  telnet*  -y                      //安装软件包
已加载插件：fastestmirror, langpacks
……(中间省略)……
正在安装    : 1:telnet-server-0.17-64.el7.x86_64                    1/2
正在安装    : 1:telnet-0.17-64.el7.x86_64                           2/2
```

```
验证中      : 1:telnet-0.17-64.el7.x86_64                                1/2
验证中      : 1:telnet-server-0.17-64.el7.x86_64                         2/2
已安装:
  telnet.x86_64 1:0.17-64.el7          telnet-server.x86_64 1:0.17-64.el7
完毕!
```

执行命令“yum　search　telnet”，查看与 telnet 命令相关的软件包，可以看到有两个软件包。执行命令“yum　install　telnet*　-y”命令，安装这两个软件包，“-y”参数表示安装过程中都是采用同意选项，执行命令后，就可以使用 telnet 命令了。

案例 2：使用网络 yum 源配置，保证虚拟机能够正常连接网络，具体操作步骤如下：

步骤一：下载网络 yum 源文件。

```
[root@localhost ~]# rm  -rf  /etc/yum.repos.d/*                    //删除文件
[root@localhost ~]# wget  -O  /etc/yum.repos.d/CentOS-Base.repo
http://mirrors.aliyun.com/repo/Centos-7.repo                      //下载阿里云 yum 源文件
```

首先执行命令“rm　-rf　/etc/yum.repos.d/*”，删除系统中原有的 yum 源文件；执行命令“wget　-O　/etc/yum.repos.d/CentOS-Base.repo　http://mirrors.aliyun.com/repo/Centos-7.repo”，可以下载阿里云的 yum 源。

步骤二：清除缓存。

```
[root@localhost ~]# yum  clean  all                          //清除缓存
[root@localhost ~]# yum  list                                //yum 列表
……(上面省略)……
zsh-html.x86_64              5.0.2-33.el7                    base
zziplib.i686                 0.13.62-11.el7                  base
zziplib.x86_64               0.13.62-11.el7                  base
zziplib-devel.i686           0.13.62-11.el7                  base
zziplib-devel.x86_64         0.13.62-11.el7                  base
zziplib-utils.x86_64         0.13.62-11.el7                  base
```

执行命令“yumcleanall”清除缓存，执行命令“yumlist”可以显示所有可安装的软件清单。

12.4　FTP 技术

1. FTP 简介

文件传输协议(File Transfer Protocol，FTP)是用于在网络上进行文件传输的一套标准协议，它工作在 OSI 模型的第七层，TCP 模型的第四层，即应用层；使用 TCP 传输而不是 UDP；客户在和服务器建立连接前要经过一个“三次握手”的过程，保证客户与服务器之间的连接是可靠的，而且是面向连接的，为数据传输提供可靠保证。

FTP 允许用户以文件操作的方式(如文件的增、删、改、查、传送等)与另一主机相互通信。然而，用户并不真正登录到自己想要存取的计算机上面而成为完全用户，可用 FTP

程序访问远程资源，实现用户往返传输文件、目录管理以及访问电子邮件等，即使双方计算机可能配有不同的操作系统和文件存储方式。

FTP 在对外提供服务时需要维护两个连接：一个是控制连接，负责监听 21 端口，用来传输控制命令；另一个是数据连接，在主动传输方式下监听 20 端口，用来传输数据。

2. FTP 用户

基于 FTP 服务器安全性的考虑，可采用分用户访问 FTP 服务器的方式。FTP 的用户默认提供三类用户，不同的用户对应着不同的权限和操作方式。

(1) 匿名用户：即 Anonymous 用户。当客户端访问 FTP 资源时，可以在没有服务器的账户名及密码的情况下，使用匿名用户访问 FTP 服务器的共享资源。

(2) 实体用户：FTP 服务器的本地账户，即当用户登录 FTP 服务器时，其默认的工作主目录就是其账户命令的目录，也可变更其工作主目录。该用户不仅可以访问 FTP 共享资源，还可以访问系统下该用户的资源。

(3) 虚拟用户：FTP 建立专有的用户，将账号和密码保存在数据库中，采用非系统账户访问服务器资源。相对 FTP 的实体用户，虚拟用户只能访问 FTP 共享资源，而没有操作系统其他资源的权利。

3. FTP 工作原理

FTP 大大简化了文件传输的复杂性，它能够使文件通过网络从一台主机传送到另外一台计算机上却不受计算机和操作系统类型的限制。无论是 PC、服务器、大型机，还是 IOS、Linux、Windows 操作系统，只要双方都支持协议 FTP，就可以方便、可靠地进行文件的传送。FTP 服务的具体工作过程如下：

(1) 客户端向服务器发出连接请求，同时客户端系统动态地打开一个大于 1024 的端口等候服务器连接(比如 1100 端口)，如图 12-1 所示。

(2) 若 FTP 服务器在端口 21 侦听到该请求，则会在客户端 1100 端口和服务器的 21 端口之间建立起一个 FTP 会话连接，如图 12-2 所示。

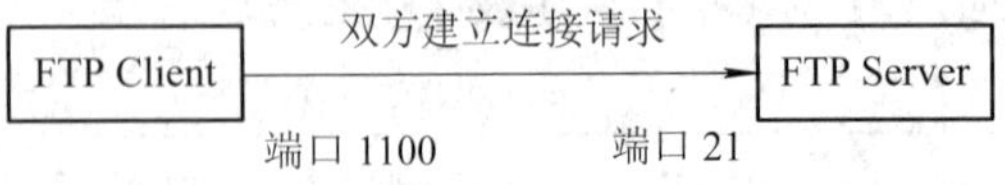

图 12-1　客户端发出连接请求

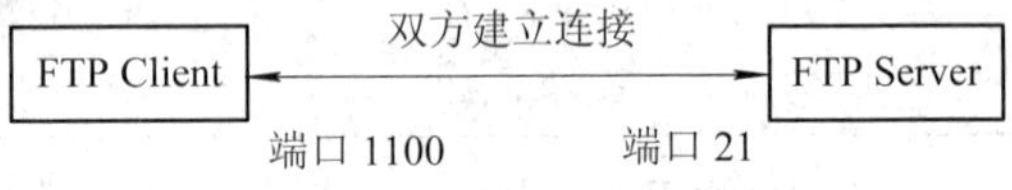

图 12-2　客户端与服务器建立会话连接

(3) 当需要传输数据时，FTP 客户端再动态地打开一个大于 1024 的端口(比如 1101 端口)连接到服务器的 20 端口，并在这两个端口之间进行数据的传输。当数据传输完毕后，这两个端口会自动关闭，如图 12-3 所示。

(4) 当 FTP 客户端断开与 FTP 服务器的连接时，客户端上动态分配的端口将自动释放，如图 12-4 所示。

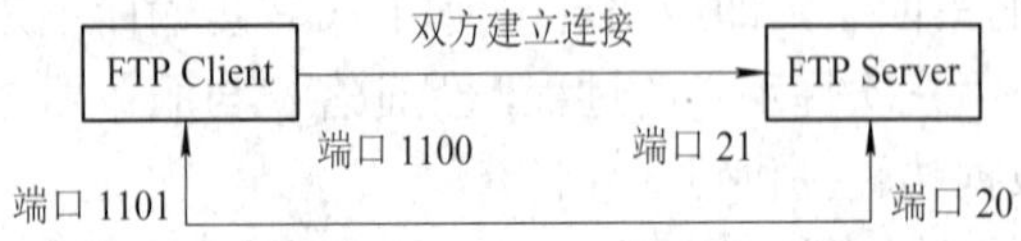

图 12-3　客户端与服务器建立数据传输连接

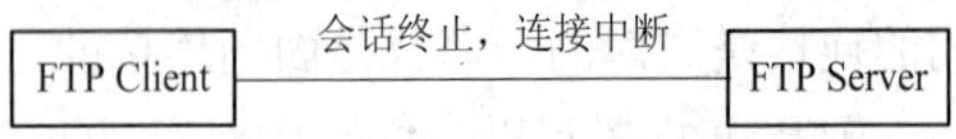

图 12-4　客户端与服务器断开连接

12.5 FTP 服务配置

1. FTP 服务安装与启动

执行命令“yum install vsftpd -y”，可以完成 ftp 服务的安装；执行命令“systemctl enable vsftpd”，设置 ftp 服务开机自启；最后执行命令“systemctl start vsftpd”，完成 ftp 服务的启动，实现代码如下：

```
[root@localhost ~]# yum   install   vsftpd   -y                //安装软件
[root@localhost ~]# systemctl   enable   vsftpd                //设置开机自启
[root@localhost ~]# systemctl   start   vsftpd                 //启动软件
```

2. FTP 服务配置

1) 主配置文件(/etc/vsftpd/vsftpd.conf)

/etc/vsftpd/vsftpd.conf 文件是 vsftpd 服务的主配置文件，内容总长度长达 127 行，但大部分参数所在行的开头用“#”进行注释，其中重要参数及含义如表 12-5 所示。

表 12-5 vsftpd.conf 文件重要参数及含义

选项名称	选 项 含 义
anonymous_enable=YES/NO	是否允许匿名用户访问
anon_upload_enable=YES/NO	是否允许匿名用户上传文件
anon_mkdir_write_enable=YES/NO	是否允许匿名用户创建文件
anon_other_write_enable=YES/NO	是否允许匿名用户其他操作
anon_root=/var/ftp	指定匿名用户 FTP 根目录
local_enable=YES/NO	是否允许本地用户访问
local_root=/var/ftp	指定本地用户 FTP 根目录
local_umask=022	设定本地用户上传文件所用的掩码
chroot_list_enable= YES/NO	是否启动限制用户的名单
chroot_list_file= /etc/vsftpd/chroot_list	是否限制在主目录下的用户列表文件，/etc/vsftpd/chroot_list 为默认文件
chroot_local_user = YES/NO	是否将所有用户限制在主目录
userlist_enable= YES/NO	是否启用 user_list 列表文件
userlist_deny= YES/NO	是否禁用 user_list 中的用户
write_enable= YES/NO	是否启用写入权限

2) 访问用户列表文件(/etc/vsftpd/user_list)

/etc/vsftpd/user_list 文件主要用于设置哪些用户可以访问，哪些用户不可以访问，如何选择有以下两种情况：

(1) 当 userlist_enable=YES 时，userlist_deny 项的配置才有效，user_list 文件才会被使用。该条件下又可分为两种情况：

当 userlist_enable=YES 且 userlist_deny=YES 时，user_list 是一个黑名单，即：所有出

现在名单中的用户都会被拒绝登入；

当 userlist_enable=YES 且 userlist_deny=NO 时，user_list 是一个白名单，即：只有出现在名单中的用户才会被准许登入。

(2) 当 userlist_enable=NO 时，无论 userlist_deny 项为何值都是无效的，本地全体用户(除去 ftpusers 中的用户)都可以登入 FTP。

3) 目录限制用户文件(/etc/vsftpd/chroot_list_file)

/etc/vsftpd/chroot_list_file 文件用于设置如何限定用户的访问目录，有以下四种情况：

(1) 当 chroot_list_enable=YES 且 chroot_local_user=YES 时，在/etc/vsftpd.chroot_list 文件中列出的用户，可以切换到其他目录，未在文件中列出的用户，不能切换到其他目录。

(2) 当 chroot_list_enable=YES 且 chroot_local_user=NO 时，在 /etc/vsftpd.chroot_list 文件中列出的用户，不能切换到其他目录，未在文件中列出的用户，可以切换到其他目录。

(3) 当 chroot_list_enable=NO 且 chroot_local_user=YES 时，所有的用户均不能切换到其他目录。

(4) 当 chroot_list_enable=NO 且 chroot_local_user=NO 时，所有的用户均可以切换到其他目录。

4) /var/ftp 文件夹

/var/ftp 文件夹是 vsftpd 提供服务的文件根目录，它包含一个 pub 子目录。在默认情况下，所有的目录都是只读的，只有 root 用户才有写权限。

5) 禁用访问文件(/etc/vsftpd/ftpusers)

/etc/vsftpd/ ftpusers 文件中的所有用户都不允许访问 FTP 服务。

3. 典型案例

案例 1：在 /var/ftp/pub 目录下创建 1～10 个后缀为 txt 的文件，允许匿名用户访问下载文件，并可以上传文件到该目录下，实现代码与结果如下：

```
[root@localhost ~]# touch   /var/ftp/pub/{1..10}.txt          //创建测试文件
[root@localhost ~]# vi   /etc/vsftpd/vsftpd.conf              //打开配置文件
修改以下内容，保存退出
12 anonymous_enable=YES                                       //取消#，允许匿名用户访问
29 anon_upload_enable=YES                                     //取消#，允许匿名用户上传文件
33 anon_mkdir_write_enable=YES                                //取消#，允许匿名用户创建文件夹
130 anon_root=/var/ftp                                        //输入文件根目录
[root@localhost ~]# chmod   o+w   /var/ftp/pub                //修改文件权限
[root@localhost ~]# systemctl   stop   firewalld              //关闭防火墙
[root@localhost ~]# setenforce   0                            //允许权限通过
[root@localhost ~]# systemctl   restart   vsftpd              //重启 FTP 服务
```

步骤一：执行命令“touch　/var/ftp/pub/{1..10}.txt”，创建 10 个后缀为 txt 的文件。

步骤二：使用 vi 命令，打开 vsftpd.conf 文件进行相关配置。取消第 12、29、33 行前面的“#”，可以开启匿名用户访问的相关功能；修改第 130 行，设置匿名用户文件的保

存目录。

步骤三：执行“chmod”命令将 pub 目录设置为对其他用户的写入权限。

步骤四：执行“systemctl stop firewalld”命令关闭防火墙。

步骤五：执行“setenforce 0”命令，授予文件特殊权限的通过。

步骤六：执行“systemctl restart vsftpd”重新启用 FTP 服务。

案例 2：为了提高 FTP 服务器的安全性能，添加两个虚拟用户账号 zhangsan 和 lisi，便于工作人员访问 /var/ftp/vuser 目录，工作人员对该目录只有查看权限，不允许上传、修改文件，实现代码与结果如下：

```
[root@localhost ~]# vi   /etc/vsftpd/vuser.txt                       //建立虚拟账号文件
输入以下内容，保存退出
zhangsan                                                             //用户名
123                                                                  //密码
lisi                                                                 //用户名
123                                                                  //密码
[root@localhost ~]# db_load   -T   -t   hash   -f   /etc/vsftpd/vuser.txt/etc/vsftpd/vuser.db
                                                           //将虚拟账号文件转换成数据库文件
[root@localhost ~]# chmod   700   letc/vsftpd/vuser.txt              //修改文件权限
[root@localhost ~]# chmod   700   letc /vsftpd/vuser.db              //修改文件权限
[root@localhost ~]# vi   /etc/pam.d/vsftpd.vu                        //新建 PAM 认证文件
输入以下内容，保存退出
auth      required    pam_userdb.so   db= letc /vsftpd/vuser         //认证管理
account   required    pam_userdb.so   db= letc /vsftpd/vuser         //账号管理
[root@localhost ~]# useradd   -d   /var/ftp/vuser   vuser            //创建用户及目录
[root@localhost ~]# chown   vuser.vuser   /var/ftp/vuser             //修改目录所属关系
[root@localhost ~]# vi   /etc/vsftpd/vsftpd.conf                     //打开配置文件
修改以下内容，保存退出
12 anonymous_enable=NO                                               //不允许匿名用户访问
16 local_enable=YES                                                  //允许本地用户访问
19 write_enable=NO                                                   //不允许写入数据
29 anon_upload_enable=NO                                             //不允许匿名用户上传文件
33 anon_mkdir_write_enable=NO                                        //不允许匿名用户创建目录
34 anon_other_write_enable=NO                                        //不允许匿名用户其他操作
102 chroot_local_user=YES                                            //锁定用户在主目录
126 allow_writeable_chroot=YES                                       //允许修改主目录文件
127 guest_enable=YES                                                 //开启虚拟账号功能
128 guest_username=vuser                                             //指定虚拟账号对应系统账号
129 pam_service_name=vsftpd.vu                                       //设置 PAM 模块
[root@localhost ~]# chmod   o+w   /var/ftp/pub                       //修改目录权限
```

```
[root@localhost ~]# systemctl   stop   firewalld                //关闭防火墙
[root@localhost ~]# setenforce   0                              //允许权限通过
[root@localhost ~]# systemctl   restart   vsftpd                //重启 FTP 服务
```

步骤一：执行命令“vi　/etc/vsftpd/vuser.txt”，建立虚拟账号文件，然后增加 zhangsan 和 lisi 两个用户，用户名和密码各占一行。

步骤二：执行命令“db_load　-T　-t　hash　-f　/etc/vsftpd/vuser.txt/etc/vsftpd/vuser.db”，将 vuser.txt 文件转换成数据库文件 vuser.db。其中，“-T”选项表示允许非 Berkeley DB 的应用程序使用从文本格式转换的 DB 数据库文件，“-t　hash”选项指定读取数据文件的基本方法，“-f”选项用于指定数据的源文件。

步骤三：使用 chmod 命令，将 vuser.txt 文件和 vuser.db 文件的权限设置为 700，只允许用户具备可读可写可执行权限，起到保护文件的目的。

步骤四：执行命令“vi　/etc/pam.d/vsftpd.vu”，新建一个 PAM 认证文件 vsftpd.vu，对客户端身份进行验证，所填数据都由四列组成。其中，第一列代表模块类型，第二列代表控制标记，第三列代表模块路径，第四列代表模块参数。这里 auth 和 account 表示认证管理和账号管理两种类型。控制标记都为 required 表示即使某个模块对用户的验证失败，也要等所有的模块都执行完毕后，PAM 才返回错误信息。模块路径名字都为 pam_userdb.so，具体路径都为 db = /vsftpd/vuser

步骤五：执行命令“useradd　-d　/var/ftp/vuser　vuser”，创建 vuser 用户，并指定其家目录为 /var/ftp/vuser。

步骤六：执行命令“chown　vuser.vuser　/var/ftp/vuser”，将 /var/ftp/vuser 目录的所属组修改为 vuser 用户和 vuser 用户组。

步骤七：执行命令“chmod　555　/var/ftp/vuser”，将 /var/ftp/vuser 目录的权限值设置为 555，即所有用户的权限都是只读。

步骤八：使用 vi 命令，打开 vsftpd.conf 配置文件，进行以下配置：将第 12 行、29 行、33 行、34 行的参数值都设置为 NO，禁止匿名用户的所有权限；将第 16 行的“local_enable = YES”，允许本地用户访问；将第 19 行的“write_enable = NO”，禁止写入数据；将第 102 行的“chroot_local_user = YES”，限制访问主目录；第 126 行与 102 行配合使用，“allow_writeable_chroot = YES”表示允许修改主目录文件；增加 127 行“guest_enable = YES”内容，开启虚拟用户功能；增加 128 行“guest_username = vuser”内容，指定虚拟账号对应的系统账号为 vuser，也就是前面我们创建的本地系统用户；将 129 行的“pam_service_name = vsftpd.vu”，指定调用 PAM 模块的名字为 vsftpd.vu，也就是前面刚刚创建的 PAM 模块文件。

步骤九：执行“chmod”命令将虚拟用户访问的限制目录 /var/ftp/pub 的权限值设置为 o+w，即其他用户具有可写权限。

最后三条命令用来关闭防火墙、允许权限通过和重启 FTP 服务。

【任务实施】

任务 12 的实施过程如表 12-6 所示。

表 12-6　任务 12 的实施过程

操作步骤	操 作 过 程	操 作 说 明
步骤一： 建立共享 目录。	[root@localhost ~]# mkdir /var/common [root@localhost ~]# chmod -R O+w /var/common [root@localhost ~]# tar -cvf /var/common/soft.tar /company/yf/yf_soft	创建共享目录 设置目录权限 打包文件
步骤二： 添加管理员。	[root@localhost ~]# useraddtech [root@localhost ~]#passwdtech	添加管理员账号 设置管理员密码
步骤三： 安装 FTP 服务器。	[root@localhost ~]# yum install vsftpd -y [root@localhost ~]# systemctl enable vsftpd [root@localhost ~]# systemctl start vsftpd	安装 vsftp 服务 开机自启服务 启动服务
步骤四： 配置用户 访问控制。	[root@localhost ~]# vi /etc/vsftpd/vsftpd.conf 修改以下内容，保存退出 12 anonymous_enable=NO 16 local_enable=YES 19 write_enable=YES 101 chroot_local_user=YES 102 chroot_list_enable=NO 104 chroot_list_file=/etc/vsftpd/chroot_list 127 userlist_enable=YES 128 userlist_deny=NO 129 local_root=/var/common 130 allow_writeable_chroot=YES [root@localhost ~]# vi /etc/vsftpd/user_list 输入以下内容，保存退出 tech [root@localhost ~]# systemctl stop firewalld [root@localhost ~]# setenforce 0 [root@localhost ~]# systemctl restart vsftpd	打开 ftp 配置文件 不允许匿名用户登录 允许本地用户登录 允许本地用户上传 限制访问目录 不启用指定用户列表文件 指定用户列表文件 启用本地访问列表 允许列表内用户通过 指定本地限制访问目录 允许写入用户 打开用户列表文件 添加 tech 用户 关闭防火墙 允许 ftp 通过 重启 ftp 服务
步骤五： 文件传输。	[root@ fw01 ~]# yum install ftp -y [root@ fw01 ~]# mkdir -p /fw/common [root@ fw01 ~]# cd /fw/common [root@ fw01 common]# touch fw100 [root@ fw01 common]# ping -c 1 192.168.10.10 PING 192.168.10.10 (192.168.10.10) 56(84) bytes of data. 64 bytes from 192.168.10.10: icmp_seq=1 ttl=64 time=0.350 ms --- 192.168.10.10 ping statistics ---	安装 ftp 服务 创建 fw01 用户共享目录 切换目录 创建文件 与服务器通信测试

续表一

操作步骤	操 作 过 程	操 作 说 明
步骤五： 文件传输。	1 packets transmitted, 1 received, 0% packet loss, time 0ms rtt min/avg/max/mdev = 0.350/0.350/0.350/0.000 ms [root@localhost common]# ftp 192.168.10.10 Connected to 192.168.10.10 (192.168.10.10). 220 (vsFTPd 3.0.2) Name (192.168.10.10:root): tech 331 Please specify the password. Password: 230 Login successful. Remote system type is UNIX. Using binary mode to transfer files. ftp> put fw100 local: fw100 remote: fw100 227 Entering Passive Mode (192,168,10,10,59,247). 150 Ok to send data. 226 Transfer complete. ftp> ls 227 Entering Passive Mode (192,168,10,10,195,129). 150 Here comes the directory listing. -rw-r--r--　1 1001　1001　0 Mar 08 04:59 fw100 -rw-r--r--　1 0　0　10240 Mar 08 04:40 soft.tar 226 Directory send OK. ftp> get soft.tar local: soft.tar remote: soft.tar 227 Entering Passive Mode (192,168,10,10,121,23). 150 Opening BINARY mode data connection for soft.tar (10240 bytes). 226 Transfer complete. 10240 bytes received in 0.000277 secs (36967.51 Kbytes/sec) ftp> exit 221 Goodbye. [root@ fw01 common]# ls fw100　soft.tar	连接服务器 输入用户名 输入密码 上传文件 查看服务器指定目录文件 下载文件 退出 FTP 查看本地文件

【任务拓展】

某高校为了迎接评估，特安排两位管理员 admin1 和 admin2，负责评估期间信息的发布。对于这两名管理员，只能在/var/appraise 目录下添加、编辑、删除文件，其他工作人员不允许登录访问。

【项目六习题】

一、选择题

1. 在 vi 一般模式下，输入 5yy 表示(　　)。

A. 从当前行向下开始复制 5 行　　B. 从当前行向上开始复制 5 行

C. 从下一行向下开始复制 5 行　　D. 从上一行向下开始复制 5 行

2. 在 vi 一般模式下，输入:n1,n2s/a1/a2/g 表示(　　)。

A. 将 n1 替换为 n2　　B. 将 n2 替换为 n1

C. 将 a1 替换为 a2　　D. 将 a2 替换为 a1

3. 在 vi 一般模式下，输入 8G 表示(　　)。

A. 将光标移动到第 8 行　　B. 复制 8 行内容

C. 将光标移动到第 8 个字节　　D. 搜索第 8 个 G

4. IPv4 的地址为(　　)位。

A. 32　　B. 64　　C. 128　　D. 256

5. 安装 dhcp 的命令是(　　)。

A. yum install dhcp -y　　B. systemctl start dhcpd

C. systemctl restart dhcpd　　D. systemctl enable dhcpd

6. 重启 ftp 服务的命令是(　　)。

A. yum install vsftpd -y　　B. systemctl start vsftpd

C. systemctl restart vsftpd　　D. systemctl enable vsftpd

二、判断题

1. vi 一般模式下，输入 p 表示将复制内容粘贴到当前行。(　　)
2. wget 命令用来查询网络路径的命令。(　　)
3. DHCP 服务器 IP 地址，应和分配的 IP 地址处在同一网段。(　　)
4. “yum install 软件名”表示安装软件。(　　)
5. 安装软件时，必须安装本地镜像文件。(　　)
6. tar 命令只能打包文件，不能解压文件。(　　)

三、简答题

1. 简述 vi 编辑器的工作模式及切换方法。
2. 简述网卡常见的配置选项。
3. 简述虚拟机中网络连接模式。
4. 简述 DHCP 服务配置的步骤和内容。
5. 简述 FTP 服务配置的步骤和内容。
6. 简述 SELinux 三种工作模式。

参 考 文 献

[1] 鸟哥. 鸟哥的 Linux 私房菜基础学习篇[M]. 4 版. 北京：人民邮电出版社，2018.
[2] 刘遄. Linux 就该这么学[M]. 北京：人民邮电出版社，2017.
[3] 杨云. Linux 网络操作系统项目教程(RHEL 6.4/CentOS 6.4)[M]. 北京：人民邮电出版社，2016.
[4] 梁如军. Linux 基础及应用教程(基于 CentOS 7)[M]. 北京：机械工业出版社，2016.
[5] 刘忆智. Linux 从入门到精通[M]. 2 版. 北京：清华大学出版社，2014.